Vanessa Borck, Lisa Heck, Kim Heimberg

Die unterschiedliche Entwicklung der USA und Brasiliens in Wirtschaft und Kultur

Ein Vergleich

GRIN Verlag

Bibliografische Information der Deutschen Nationalbibliothek:

Die Deutsche Bibliothek verzeichnet diese Publikation in der Deutschen Nationalbibliografie; detaillierte bibliografische Daten sind im Internet über http://dnb.d-nb.de/ abrufbar.

Impressum:

Druck und Bindung: Books on Demand GmbH, Norderstedt Germany
ISBN: 978-3-656-87743-1

Dieses Buch bei GRIN:

http://www.grin.com/de/e-book/287248/die-unterschiedliche-entwicklung-der-usa-und-brasiliens-in-wirtschaft-und

Gegenstand: Entwicklung zur modernen Gesellschaft
Thema: Vergleich von Nord- und Südamerika: Wie haben sich die USA und Brasilien hinsichtlich der Wirtschaft und Kultur unterschiedlich entwickelt?

Inhaltsverzeichnis

Vergleich von Nord- und Südamerika: Wie haben sich die USA und Brasilien hinsichtlich der Wirtschaft und Kultur unterschiedlich entwickelt?

Um unser Vorwissen zu vertiefen, haben wir beschlossen uns dem Vergleich von Nord- und Südamerika zu widmen, weil wir mit den beiden Ländern, zum Beispiel durch Bekannte und Freunde, viel in Kontakt gekommen sind und wir herausfinden wollten, ob unsere Erfahrungen sich bewahrheiten oder, ob wir allgemein ein falsches Bild von den USA und Brasilien haben. Dabei wollen wir besonders auf die kulturellen und wirtschaftlichen Entwicklungen eingehen, die zu der heutigen modernen Gesellschaft geführt haben. Für den Vergleich der beiden getrennten Länder haben wir die USA für Nordamerika und Brasilien für Südamerika gewählt. Bevor wir uns detailliert mit dem Thema beschäftigt haben, dachten wir, dass die Staaten unterschiedlicher nicht sein könnten. Sie sind hinsichtlich ihrer wirtschaftlichen Entwicklungen sehr gespalten, da wir uns vorgestellt haben, dass Nordamerika durch die industrielle Revolution einen höheren Entwicklungsstand vorweist, als die südamerikanische Bevölkerung. Weiterhin stellten wir uns vor, dass es in Brasilien viele Slums gibt und sie unter schlechten Bedingungen leben müssen, da es dort keine richtige Infrastruktur gibt. Allerdings weist Brasilien auch eine andere Seite auf. Zum Beispiel in Rio de Janeiro gibt es viele Menschen mit einem höheren Einkommen, was ihnen gleichzeitig einen höheren Lebensstandard ermöglicht. Dagegen hat die USA die reichste Bevölkerung der Welt und gehört zu einer der bedeutendsten Weltmächte. Unsere Ziele der Arbeit sind vor allem die USA und Brasilien in den zwei Punkten, der Wirtschaft und der Kultur, darzustellen und diese zum Schluss zu vergleichen. Wir wollen außerdem besonders durch unserem empirischen Teil, in dem wir uns für ein Interview und eine Umfrage entschieden haben, da wir denken, dass dies uns am besten zeigt, wie die Länder von anderen empfunden werden, neue Erkenntnisse über die USA und Brasilien erlangen und vergleichen, ob unsere Annahmen über die beide Länder mit unseren herausgearbeiteten Ergebnissen übereinstimmen. Hierfür haben wir uns Michelle Sallmann und Anja Schmidt ausgesucht, um diese Fragen zu beantworten, da jeder von ihnen ein Land besucht hat und uns dies in den Interviews erläutert. Unser Hauptteil baut sich in Verlauf auf. Beginnend mit der Geschichte von den Vereinigten Staaten von Amerika und Brasilien, über die Wirtschaft und Kultur der Beiden, bis hin zum Vergleich, der uns letztendlich genaue Ergebnisse über unsere Arbeit verschaffen soll. In unserer folgenden Seminarkursarbeit werden wir zu unseren Deutungshypothesen Stellung nehmen und herausfinden, wie die jeweiligen Entwicklungen die moderne Gesellschaft beeinflusst haben. Zum Schluss werden wir auf unsere Fragestellung eingehen: *Wie haben sich die USA und Brasilien hinsichtlich der*

Gegenstand: Entwicklung zur modernen Gesellschaft
Thema: Vergleich von Nord- und Südamerika: Wie haben sich die USA und Brasilien hinsichtlich der Wirtschaft und Kultur unterschiedlich entwickelt?

Wirtschaft und Kultur unterschiedlich entwickelt?

1. Der Weg zur modernen Gesellschaft

1.1 Die geschichtliche Entwicklung der USA:

Die Geschichte der USA reicht weit in die Vergangenheit zurück; die ältesten Spuren der Indianer wurden ca. vor 12000 Jahren gefunden. Sie gelangten über die Beringstraße nach Nordamerika. In den Jahren 4000 – 1000 vor Chr. haben die indigenen Völker Landwirtschaft betrieben und die Kunst und Keramik entdeckt. Sie wohnten in großen Lehmbausiedlungen. Weiterhin haben sie die Jagdtechnik mit dem Pfeil und dem Bogen verbessert, was zu einer besseren Nahrungsmittelversorgung geführt hat. Im Jahr 1565 gab es die erste europäische Siedlung in St. Augustine, in Florida. Es war eine spanische Siedlung.[1]

Die ersten Kolonien auf dem Gebiet der USA:

Im Jahr 1620 kam das Auswandererschiff der „Pilgrim Fathers“ in der USA an. Andere Länder, wie z.B. die Niederlande, Frankreich oder Schweden gründeten ebenfalls Kolonien auf dem heutigen Gebiet der USA. Obwohl Spanien Florida hatte, legte es einen größeren Wert auf Mittel-und Südamerika. In den Jahren 1756 – 1763 gab es einen Franzosen – Indianerkrieg, den die Briten gewannen. Im Pariser Frieden 1763 wurde beschlossen, dass Frankreich seine Gebiete in Nordamerika abgeben muss. Nur die Inseln St. Pierre und Miquelon, die heute noch zu Frankreich gehören, durfte Frankreich behalten. Da die Spanier Frankreich im Krieg geholfen haben, mussten auch sie Florida an die Briten abgeben. Da der Krieg sehr kostenaufwändig war, versuchten die Briten die Finanzen mit Steuern aufzubessern. Es kam zu einem Aufstand der Bürger und mit den Schlagwörtern „No taxation without representation“ wurde die britische Regierung für unzuständig erklärt.[2] Mit dem Aufstand wollen die Bürger gegen die Besteuerung protestieren, weil sie Mitspracherecht wollen.[3]

Die USA wird zu einer eigenen Nation:

Am 16. Dezember 1773 folgte die Boston Tea Party, bei der amerikanische Bürger über 340 Kisten Tee der Briten im Hafen von Boston versenken. Danach kam es zu einem Kontinentalkongress, bei dem beschlossen wurde den Handel mit dem Mutterland (Briten)

[1] Vgl. http://www.usa-info.net/usa/allgemein/geschichte.php (Stand: 20.12.2014)
[2] Vgl. http://www.usa-info.net/usa/allgemein/geschichte.php (Stand: 20.12.2014)
[3] eigene Erklärung

einzustellen und britische Waren zu boykottieren. Ab dem Jahr 1775 kommt es zum amerikanischen Unabhängigkeitskrieg. Auf dem 2. Kontinentalkongress wurde beschlossen, dass George Washington die Regierungsfunktion übernehmen soll. [4]

Am vierten Juli 1776 folgte dann die Unabhängigkeitserklärung der USA. Die Amerikaner bekamen von vielen Einwanderern (zahlreiche Deutsche), von Spanien, Frankreich und von den Niederlanden Unterstützung in ihrem Unabhängigkeitskrieg. Ein wichtiger amerikanischer Feldherr war der preußische General Friedrich Wilhelm von Steuben. Zu seinen Ehren wird jedes Jahr in New York und in Philadelphia die „Steubenparade" arrangiert. Nach der Belagerung von Yorktown haben die Briten kapituliert, was 1783 (im Frieden von Paris) dazu führte, dass sie alle dreizehn Kolonien als unabhängig ansahen. Am 17. September 1787 bekam die USA ihre erste Verfassung, die somit die zweitälteste Verfassung der Welt ist. George Washington wurde der erste Präsident der USA. Im Jahr 1803 kaufte die USA Land von den Franzosen, was ihr Gebiet verdoppelte. Den Britisch-Amerikanischen Krieg, der von 1812 – 1815 andauerte, gewann keine der beiden Seiten. Im Jahr 1846 kam es zum Oregon-Kompromiss, bei dem sich die Briten und Amerikaner auf den 49. Breitengrad als Grenze zwischen den USA und Kanada einigen konnten. Die außenpolitischen Angelegenheiten regelte die USA nach dem Monroe-Doktrin, die 1823 von James Monroe verfasst wurden. Er war der 5. Präsident der USA.[5] Die Monroe Doktrin beinhalten, dass sich die USA nicht in europäische Angelegenheiten einmischt und dass die USA neutral gegenüber politischen Fragen Europas ist. Außerdem gilt der Handel als verbindendes Element mit dem Rest der Welt. Des Weiteren darf sich kein europäischer Staat in amerikanische Verhältnisse einmischen und kein europäischer Staat hat Anspruch auf weitere Kolonien in Amerika.[6]

Die Bürger- und Indianerkriege der USA:

Durch den US-Senat wurde 1830 der „Indian Removal Act" festgelegt. Dieses Gesetz sollte die Indianer aus ihren Gebieten östlich des Mississippi vertreiben. Nicht nur die Indianer, sondern auch amerikanische Bürger kämpften vergeblich gegen dieses Gesetz. Die Indianer wurden schließlich nach Oklahoma verbannt, gaben sich aber nicht geschlagen und kämpften weiter. Durch den Krieg und viele Krankheiten, starben viele Indianer. Im Jahr 1924 erhielten sie volle Bürgerrechte. Ein weiteres Problem des US-Senats war die Sklavenfrage. Die nördlichen Staaten des Senats waren gegen die Sklaverei, die südlichen dafür. Im Norden gab es viele Aufstände, die zeigen sollten, dass alle Menschen gleich sind

[4] eigene Erklärung
[5] Vgl. http://www.usa-info.net/usa/allgemein/geschichte.php (Stand: 20.12.2014)
[6] eigene Erklärung

und dass die Sklaverei abgeschafft werden soll. Im Jahr 1860 wurde Abraham Lincoln, der Republikaner und Gegner der Sklaverei war, zum 16. Präsidenten der USA gewählt.[7]

Daraufhin traten viele südliche Bundesstaaten aus dem Senat aus und gründeten 1861 in Montgomery die Konföderierten Staaten von Amerika (CSA). Zur Hauptstadt wurde Richmond und zum Präsidenten der Südstaaten wurde Jefferson Davis. Dadurch kam es in den Jahren 1860 – 1865 zum Bürgerkrieg zwischen dem Norden und dem Süden, der von dem Norden gewonnen wurde. Dann wurde die Sklaverei abgeschafft und die südlichen Staaten wurden wieder vollständige Bundesstaaten der Union. Fast alle Staaten (außer Tennessee) wurden zwischendurch von Militärgouverneuren geleitet und mussten Reparationszahlungen machen. Weiterhin wurden im Süden viele Beamte von ehemaligen Sklaven abgelöst. Wie die Sklaverei in Brasilien abgeschafft wurde, kann man in dem Kapitel 1.2 unter dem zweiten Kaiserreich von Brasilien nachlesen.[8]

Amerika in den Weltkriegen:

Mit der Industrialisierung kam die Eisenbahn ins Land und außerdem hatte die USA viele Einwanderer. Im Jahr 1898 brach der Spanisch-Amerikanische Krieg aus, den die Spanier verloren. Daraufhin wurden Spanien die Philippinen abgekauft. Später hat Panama seine Einwilligung zum Bau des Panamakanals an die USA gegeben.[0]

Die USA stand dem ersten Weltkrieg lange Zeit neutral gegenüber. Erst im Jahr 1917 traten sie, aufgrund des uneingeschränkten U-Boot-Kriegs des Deutschen Reiches, ein. Nach dem Krieg hat sich der amerikanische Präsident Wilson für den Frieden nach seinem 14-Punkte-Plan und für ein Selbstbestimmungsrecht der Völker eingesetzt. Allerdings konnte er sich in vielen Punkten nicht durchsetzen. Am 24. Oktober 1929 kam es zum Börsencrash, der die Weltwirtschaftskrise zur Folge hatte. Für zahlreiche Amerikaner war das ein schwerer Rückschlag. Der Präsident Franklin Roosevelt führte daraufhin viele Sozial- und Wirtschaftsreformen ein, welche heute unter dem Begriff „New Deal" bekannt sind. Weiterhin wurde mit dem Bau von Straßen, Flughäfen und öffentlichen Einrichtungen versucht die wirtschaftliche Situation zu bessern. Nachdem die Japaner einen Angriff auf Pearl Harbor gemacht haben, traten die USA am 7. Dezember 1941 in den 2. Weltkrieg ein. Im 2. Weltkrieg hatte die USA am meisten gegen die japanischen Streitkräfte im Pazifik zu kämpfen.[10]

Die USA als Supermacht im Kalten Krieg:

[7] Vgl. http://www.usa-info.net/usa/allgemein/geschichte.php (Stand: 20.12.2014)
[8] Vgl. http://www.usa-info.net/usa/allgemein/geschichte.php (Stand: 20.12.2014)
[9] Vgl. http://www.usa-info.net/usa/allgemein/geschichte.php (Stand: 20.12.2014)
[10] Vgl. http://www.usa-info.net/usa/allgemein/geschichte.php (Stand: 20.12.2014)

Nachdem der Krieg vorbei war, waren die USA Mitbegründer der Vereinten Nationen (UN), in welchen sie bis heute einen ständigen Platz haben. Die Anspannung zwischen der USA und der damaligen Sowjetunion nahmen immer stärker zu. Deshalb kam es zwischen 1948 – 1949 zur Berlin Blockade. Die Briten und die Amerikaner versorgten die Bürger über die Berliner Luftbrücke. Der Marshallplan der USA diente den westeuropäischen Staaten und unterstützte sie mit Lebensmitteln und Krediten.[11]

Im Jahr 1949 gründeten die Westalliierten die NATO, woraufhin die Sowjetunion mit den anderen Staaten den Warschauer Pakt gründete. Die nächsten Jahre waren durch den Kalten Krieg, zwischen der Sowjetunion als Großmacht des Ostens und der USA als Großmacht des Westens, gekennzeichnet. Die Außenpolitik der USA war dabei immer im Kampf zwischen Kommunismus und Kapitalismus. Es kam zu weiteren Kämpfen, wie z.B. zum Koreakrieg, indem die USA Südkorea und die Sowjetunion Nordkorea unterstützten. Im Jahr 1962 gab es eine 13-tägige Kubakrise, bei der sich der Präsident der USA (John F. Kennedy) und das Staatsoberhaupt von Russland (Nikita Chrustschow) einigen konnten. John F. Kennedy war ein Demokrat und setzte sich, genau wie Martin Luther King, für die Bürgerrechte der Afroamerikaner ein. John F. Kennedy wurde im Jahr 1963 ermordet, Martin Luther King nur 5 Jahre später. Im Jahr 1954 wurde die Rassentrennung in öffentlichen Einrichtungen verboten, jedoch gab es in manchen Südstaaten noch immer Erniedrigungen bezüglich der Hautfarbe/Rasse. Im Jahr 1968 wurde der Civil Rights Act abgesetzt und somit die Diskriminierung angesichts der Hautfarbe oder Rasse im öffentlichen Leben geahndet. [12]

Die Rolle der USA heute:

Der amerikanische Präsident Bill Clinton brachte die Wirtschaft von Amerika wieder voran. Außerdem setzte er sich für die Gleichberechtigung aller Bürger ein und kämpfte gegen AIDS und Armut. Des Weiteren konnte er 1994 einen Friedensvertrag zwischen Israel und Jordanien im Nahostkonflikt erzielen. Er verbesserte auch die Beziehungen zu vielen Ländern, wie z.B. zu Russland und zu Vietnam. Am 11. September 2001 kam es zum Terroranschlag auf das World Trade Center, woraufhin sich der damalige Präsident George W. Bush gegen den Terrorismus einsetzte. Im Jahr 2001 konnten die USA mit ihren Verbündeten das Talibanregime in Afghanistan beenden.[13]

Der aktuelle Präsident der USA ist Barack Obama, der erste afroamerikanische Präsident. 2009 hat er aufgrund der großen Erwartungen an ihn, den Friedensnobelpreis bekommen. Er

---

[11] Vgl. http://www.usa-info.net/usa/allgemein/geschichte.php (Stand: 20.12.2014)
[12] Vgl. http://www.usa-info.net/usa/allgemein/geschichte.php (Stand: 22.12.2014)
[13] Vgl. http://www.usa-info.net/usa/allgemein/geschichte.php (Stand: 22.12.2014)

setzt sich für Ressourcenschonung, sowie für Entwicklungshilfe ein. Die Beziehungen zu vielen Staaten haben sich unter ihm verbessert.[14]

1.2 Die geschichtliche Entwicklung von Brasilien:

Die Geschichte Brasiliens reicht mehrere tausend Jahre in die Vergangenheit zurück. Sie beginnt mit der Besiedlung durch verschiedene Indianerstämme. Als europäischer Entdecker gilt der portugiesische Seefahrer Pedro Álvares Cabral. Um 1500 entdeckte er auf einer seiner Reisen den Nordosten Brasiliens. Bis Brasilien 1822 seine Unabhängigkeit erklärte, war es eine portugiesische Kolonie. Ab 1822 hatte das Land die Regierungsform einer konstitutionellen Monarchie. 1888 wurde die Sklaverei abgeschafft. Daraufhin gab es 1889 in Brasilien einen Militärputsch und eine Republik entstand. Danach folgten verschiedene Phasen der Diktatur, unter anderem auch eine Regierung des Militärs ab 1964, welche 21 Jahre andauerte. Ab dem Jahr 1985 entwickelte sich die Regierungsform Brasiliens immer mehr zu einer Demokratie. Im Folgenenden werde ich auf die einzelnen Etappen näher eingehen, von der Vorkolonialisierung bis hin zur Demokratie.[15]

Die Vorkolonialisierung Brasiliens:

Die ersten menschlichen Spuren, die man feststellen konnte, fand man um 10.000 vor Chr. in Höhlen des Bundesstaates Piaui von Paläo-Indianern. Heute weiß man, dass um 8000 vor Chr. auch schon in den Küstengebieten Menschen lebten. Man geht davon aus, dass die Lebensbedingungen im Amazonasbecken suboptimal für größere menschliche Gruppen waren. Deshalb wird angenommen, dass es sich um eine kleinere Bevölkerungsgruppe aus (halb)nomadischen Fischern und Jägern handelt. Außerdem sollen diese Völker schon Ackerbau betrieben haben. Der Lebensraum des Amazonasbeckens wurde durch dieses Verhalten der Menschen erstmals gegeben. Aber auch deren Ansiedlungen waren größer als bisher erwartet, was auch für den Westen Brasiliens gilt. Es wurden zum Beispiel viele Orte in der Provinz Mato Grosso gegründet, in welchen bis 1500 auch schon Landwirtschaft und Fischzucht betrieben wurde. Durch ein Straßennetz waren diese Orte miteinander verbunden. Die Bevölkerung dieser Orte verschwand später. Der genaue Grund dafür ist nicht bekannt, verschiedene Forscher nehmen allerdings an, dass die Bevölkerung durch Epidemien verschwunden ist. Eine Epidemie ist eine Häufung von Krankheitsfällen in einem Land oder Ort. Dabei handelt es sich meistens um Infektionskrankheiten.[16]

Entdeckungen rund um Brasilien:

---

[14] Vgl. http://www.usa-info.net/usa/allgemein/geschichte.php (Stand: 22.12.2014)
[15] Vgl. http://de.wikipedia.org/wiki/Geschichte_Brasiliens (Stand: 07.12.2014)
[16] Vgl. http://de.wikipedia.org/wiki/Geschichte_Brasiliens (Stand: 07.12.2014)

Nachdem Christoph Kolumbus im Jahr 1492 Amerika entdeckte, wurde die sogenannte „Neue Welt“ in einem Vertrag unter Spanien und Portugal aufgeteilt, wobei Portugal Brasilien bekam. Die „Neue Welt“ ist eine Bezeichnung für das damals entdeckte Amerika. Im Allgemeinen wurde Brasilien am 22. April 1500, durch den oben schon erwähnten portugiesischen Seefahrer Pedro Àlvares Cabral, entdeckt.[17]

Da sich viele europäische Seefahrer gleichzeitig im Umkreis von Brasilien aufhielten, ist immer noch umstritten wer Brasilien tatsächlich entdeckte. Im Jahr 1499 segelte bereits der spanische Seefahrer Vicente Yánez Pinzón an der Ostküste Brasiliens bis zum Mündungsgebiet des heutigen Argentiniens. Allerdings gab es auch noch einen weiteren portugiesischen Seefahrer, welcher 1498 an den Küsten der Staaten Pará und Maranhao und auch an dem Mündungsgebiet des Amazonas entlang fuhr. Sein Name war Duarte Pacheco Pereira. Weiterhin gab es noch einen französischen Kapitän, Jean Cousin, welcher im Jahr 1488 nach Westafrika reisen wollte. Auf seiner Reise wurde er durch die Äquatorialströmung in der Nähe der Azoren (= Gruppe von neun portugiesischen Atlantikinseln) abgetrieben. Er kam nach zwei Monaten an eine unbekannte Küste und an einen Strom. Diesem Strom gab er den Namen „Maragnon“. Der offizielle Entdecker Cabral segelte in der Umgebung des heutigen Porto Seguro, welches heute eine Küstenstadt im Süden des Bundesstaats Bahia ist und somit zu Brasilien gehört. Dieses neu entdeckte Land eignete er sich für den damaligen portugiesischen König Emanuel I. an. In diesem Gebiet gab es jedoch schon Tupi Indianer. Diese gaben „ihr“ Land ohne jeglichen Widerstand her. Die Portugiesen hielten ihren Fund zunächst erst geheim, da sie einen Vorteil in den gewonnenen Kolonien haben wollten. Im Jahr 1507 veröffentlichte der deutsche Kartograph Martin Waldseemüller eine Karte Südamerikas, in der auch Porto Seguro eingezeichnet war.[18] Somit wusste Europa von dem neu entdeckten Kontinent. Brasilien erhielt seinen Namen durch das „Brasilholz“. Dieses kann zur Herstellung kostbarer Möbel und zur Farbgewinnung verwendet werden. Gleichzeitig startete das Brasilholz den Export der Kolonie und unterstützte die Wirtschaft des Landes durch das eingenommene Geld. Da das Holz so wertvoll ist, wurde es sehr stark abgeholzt und ist heute vom Aussterben bedroht, weshalb es unter Naturschutz steht. 1503 fand der Portugiese Goncalo Coelho heraus, dass die Franzosen sich Brasilien näherten, denn der französische König schickte in diesem Jahr erstmals den französischen Seefahrer Binot Paulmier de Gonneville über den Atlantik. 27 Jahre später, im Jahr 1530, wurde eine Expedition von dem portugiesischen Seefahrer Martim Alfonso de Souza nach Brasilien gesandt, um die Franzosen zu bekämpfen.

[17] Vgl. http://de.wikipedia.org/wiki/Geschichte_Brasiliens (Stand: 07.12.2014)
[18] Vgl. http://www.brasilgate.com/main/geschichte.php (Stand: 07.12.2014)

Weiterhin sollten erste Kolonialstädte gegründet werden. Die Franzosen wurden dann im Jahr 1625 endgültig aus Brasilien verjagt.[19]

Die Besiedlung Brasiliens:

Die brasilianische Küste wurde von König Johann III., welcher der 15. König von Portugal war, in 15 Zonen gegliedert und auf verschiedene Personen aus dem Adel und dem Mittelstand verteilt.

Die Wirtschaft wurde durch den Anbau des Zuckerrohres vorangetrieben, da es zu der Zeit sehr teuer und beliebt war. Die Arbeitskräfte dafür waren Indianer, welche gefangen genommen wurden. Wegen den schlechten Arbeitsbedingungen starben viele Indianer auf den Plantagen, andere nahmen sich das Leben. Daraufhin wurden im Jahr 1538 die ersten Sklaven aus Afrika nach Brasilien geholt. Brasilien wurde einige Jahre später, circa 1600, zum größten Zuckerproduzenten der Welt. Kurz darauf boomte die Wirtschaft noch mehr und der Dreieckshandel funktionierte sehr gut. Der Dreieckshandel bezeichnet den Warenhandel über den Atlantik. An ihm waren Europa, Afrika und Amerika beteiligt. In Afrika wurden die Manufakturprodukte gegen Sklaven verkauft. Für die Sklaven bekam man in Nord-sowie Südamerika Edelmetalle, Gewürze und Zucker, welche dann in Europa ausgeliefert wurden. Jedoch waren nicht alle portugiesischen Siedler freiwillig in Brasilien, viele wurden aus ihrem eigenen Land verbannt. Jeder, der dem katholischen Glauben angehörte, konnte nach Brasilien einreisen. Es gab dafür keine weiteren Bedingungen. [20]

Die Kolonisierung Brasiliens:

Das heutige Salvador da Bahia wurde 1549 die Hauptstadt aller 15 Zonen in Brasilien. Der dritte Generalgouverneur Brasiliens, welcher auch portugiesischer Kolonialoffizier war, zerstörte von 1565 bis 1567 eine französische Kolonie in der Guanabara-Bucht, welche bereits zehn Jahre alt war. Daraufhin begann er im März 1567 mit seinem Neffen Rio de Janeiro zu errichten. Ab dem Beginn des 17. Jahrhunderts wurde das Hinterland von einer Expeditionsgruppe durchsucht, die auf der Suche nach Sklaven und Gold waren. Die Portugiesen wollten das Land mit Festungen vor möglichen Konkurrenten und Feinden schützen. Trotzdem gelang es 1624 einer niederländischen Flotte mit 26 Schiffen die Stadt Bahia einzunehmen. Ein Jahr später konnten die Portugiesen die Stadt wieder zurück gewinnen. Dadurch brach der Niederländisch-Portugiesische Krieg aus, der bis 1661 anhielt. Die Niederländer haben sich 1629 in dem heutigen Recife niedergelassen. Im Februar 1649 haben die Portugiesen in einem wichtigen Kampf gewonnen, in der zweiten Schlacht von

---

[19] Vgl. http://www.brasilgate.com/main/geschichte.php (Stand: 07.12.2014)
[20] Vgl. http://www.brasilgate.com/main/geschichte.php (Stand: 07.12.2014)

Guararapes. Die Niederländer gaben sich 1654 geschlagen und somit erhielten die Portugiesen wieder die komplette Kontrolle über Brasilien. Flüchtende Sklaven haben während des 17. Jahrhunderts Siedlungen gebildet. Sie lagen im Nordosten von Brasilien und besaßen eine Verwaltung und ein Heer. Nach zahlreichen Schlachten wurde dann 1699 der letzte lebende Sklave, der in dieser sogenannten „Quilombo dos Palmares“ gelebt hatte, umgebracht. Der Ausgangspunkt für die Entwicklung wohlhabender Städte war, dass 1696 in der Umgebung von Rio de Janeiro Gold, Diamanten und andere Bodenschätze entdeckt wurden. Der Mittelpunkt der Wirtschaft war gegen Ende des 17. Jahrhunderts dann der Süden von Brasilien. Das hat man auch daran gesehen, dass die Hauptstadt ab 1763 nicht mehr Salvador sondern Rio de Janeiro war. Ende des 18. Jahrhunderts gab es vermehrte Aufstände gegen die portugiesische Regierung. Der wohl wichtigste Kampf war die „Inconfidencia Mineira“. Sie fand in Minas Gerais statt, was im Südosten von Brasilien liegt. Das Oberhaupt dieses Aufstandes „Tiradentes“ wurde 1792 umgebracht. Er war ein Freiheitskämpfer Brasiliens und gilt heute noch als Nationalheld. Im Jahr 1727 wurden die ersten Kaffeebohnen durch Francisco de Mello Palheta illegal ins Land gebracht. Daraufhin kam es in Brasilien ab 1805 zum Anbau von Kaffee.[21]

Das Königreich Brasilien:

Der portugiesische König Johann VI. konnte durch die Unterstützung Englands vor den Truppen von Napoleon fliehen. Mit seiner Ankunft in Brasilien, begann er die Unabhängigkeit des Landes anzutreiben. Da ihm sein gesamter Hofstaat folgte (15.000 Mitglieder), stieg die Einwohnerzahl des Landes Brasilien. Die Unterstützung, die König Johann VI. von England bekam, beglich er in Form einer Zollvergünstigung. Dies wirkte sich sehr positiv für England aus, da der Handel von Brasilien ausgezeichnet lief, die Wirtschaft boomte und die Häfen nur für befreundete Staaten geöffnet wurden. Johann verheiratete seinen Sohn Pedro mit der österreichischen Prinzessin Leopoldina. Ihr folgten zahlreiche Gelehrte und Künstler ins Land, die die Kultur und Kunst weitgehend beeinflussten. Darauf wird später im Teil der Kultur von Brasilien nochmals eingegangen. [22]

Die Unabhängigkeit von Brasilien:

Auf dem Wiener Kongress 1815 wurde Brasilien dem Mutterland gleichgestellt. Ausschlaggebend dafür war das „Vereinigte Königreich Portugal, Brasilien und Algarve“. Obwohl Napoleon in Portugal gescheitert war, blieb der Hof zunächst in Brasilien. 1821 kam es in Portugal zu Unruhen, weshalb König Johann seine Heimreise antrat. Bevor er Brasilien

[21] Vgl. http://www.brasilgate.com/main/geschichte.php (Stand: 07.12.2014)
[22] Vgl. http://www.brasilien.info/geschichte/ (Stand: 07.12.2014)

verlassen hatte, gab er seinem Sohn Pedro den Rat, dass er sich selbst die Krone aufsetzen soll, bevor es ein anderer tut; Pedro blieb als Regent in Brasilien zurück. Später wurde von Cortes der Kolonialstatus zurück gefordert. Daraufhin machte der Regent am 7. September 1822 den Ausruf von Ipiranga „Unabhängigkeit oder Tod", wodurch die Unabhängigkeitsbewegung ihren Höhepunkt hatte. Am 12. Oktober 1822 wurde Brasilien zum Kaiserreich ausgerufen, weshalb die Militärtruppen immer mehr vertrieben wurden und 1823 dann endgültig fortgingen. [23]

Das Kaiserreich Brasilien:

Der Sohn von Johann VI. wurde nun Kaiser, Pedro I.

Die Erwartungen, die das Volk an ihren Kaiser hatte, wurden nicht erfüllt. Die konstitutionelle Monarchie und die liberale Verfassung riefen Unruhen gegen den Kaiser hervor. Ab dem Jahr 1824 wurde die Einreise vieler Europäer, vor allem deutsche Siedler, gefördert. Im Jahr 1825 musste Brasilien die Unabhängigkeit von Uruguay akzeptieren.[24]

Die Regenten-Zeit Brasiliens:

Am 7. April 1831 tritt der Kaiser aufgrund der Unruhen im Land zurück. Sein erst minderjähriger Sohn wird dann zum neuen König, Pedro IV., ernannt. Noch an demselben Tag, als Pedro I. zurücktritt, wird ein Regentschaftsrat einberufen. Dieser Regentschaftsrat hat einige neue Regeln ernannt, wie z.B. gesetzliche und steuerliche Verpflichtungen, mehr Autonomie für das Land und die Einsetzung eines neuen Regenten, der öffentlich bestimmt werden sollte. Später musste das Land zwei großen Aufständen entgegenwirken. Der erste Aufstand „Cabanagem" fand im Norden des Landes statt und beinhaltet den Streit der Flussbewohner in der Nähe von Belem und anderen Gruppen aus der Provinz Grao-Para gegen weiße Bürger. Am 20. September 1835 ist der zweite Aufstand ausgebrochen. Hierbei haben die „Gauchos" mit ihren Anführern Bento Goncalves da Silva und Antonio de Sousa Neto den Gouverneur der Provinz vertrieben. Aufgrund dessen wurde die Republik „Grande do Sul" verkündet. Im Jahr 1839 stellte sich ein weiterer Revolutionär auf die Seite der Republik und somit schafften sie es sich Santa Catarina anzueignen und zur Tochterrepublik auszurufen. Weil es sich bei dem Aufstand um höhere Schichten der Provinz handelte, zögerte die Regierung bei der Niederschlagung. Im Jahr 1842 wurde der Herzog von Caxias,

---

[23] Vgl. http://www.brasilien.info/geschichte/ (Stand: 07.12.2014)
[24] Vgl. http://www.brasilien.info/geschichte/ (Stand: 07.12.2014)

Luís Alves de Lima e Silva, zum neuen Militärgouverneur der Provinz ernannt und bekam gleichzeitig die Aufgabe den Aufstand zu beenden. [25]

Dazu wurden vom Kaiserhaus viele Konzessionen geduldet, wie z.B. die Freilassung der Sklaven die am Aufstand beteiligt waren, eine Generalamnestie und die Eingliederung der Farrapen-Truppen ins Heer. Letztendlich kam es wieder zu einem Frieden im Land.[26]

Das zweite Kaiserreich Brasiliens:

Im Jahr 1840 gab es einen neuen Kaiser von Brasilien, Pedro II, welcher erst 15 Jahre alt war. In den 1860er Jahren stieg das Land zur Exportnation von Edelhölzern, Zucker, Rindfleisch, Kaffee und Kautschuk auf. Die Industrialisierung sorgte dafür, dass die Wirtschaft im Süden Brasiliens aufblühte. Später verbündete sich Brasilien mit Uruguay und Argentinien und sie zogen gemeinsam in einen Krieg gegen Paraguay, welcher von 1864 – 1870 andauerte. Zusammen gewannen die drei Länder den Krieg gegen Paraguay und deshalb musste Paraguay Brasilien viele Gebiete abgeben.[27]

Großbritannien sah die Sklaverei als unmenschlich an, weshalb sie 1852 eine Seeblockade machten. Daraufhin wurden viele Kampagnen gegen die Sklaverei eingeleitet. Im Jahr 1871 wurden Sklavenkinder als frei ernannt. Immer mehr Menschen sprachen sich gegen die Sklaverei aus und so kam es 1855 dazu, dass Sklaven, die über 60 Jahre alt waren auch für frei erklärt wurden. Im Jahr 1888 wurde das „Goldene Gesetz“ von der Regentin Prinzessin Isabel unterzeichnet, was die Abschaffung der Sklaverei beinhaltete. Brasilien war somit das letzte westliche Land, welches die Sklaverei als illegal proklamierte. Allerdings waren nicht alle Bürger Brasiliens für die Abschaffung der Sklaverei. Die Großgrundbesitzer fanden das Gesetz schlecht und lösten sich vom Kaiserhaus. Brasilien war nun bereit für die Republik, welche in den folgenden Jahren ausgerufen wurde.[28]

In dem Krieg gegen Paraguay kam es zu vielen Veränderungen im Militär. Zum Beispiel kamen immer mehr Leute aus der Mittelschicht in Offiziersränge und der Adel verlor immer mehr seine hohen Positionen. Allerdings konnten Sklaven auch schon vor der Abschaffung der Sklaverei ihre Freiheit erlangen, und zwar indem sie zum Militär gingen. Nach dem Krieg bekamen die Offiziere eine Ausbildung in Militärakademien, in der ihnen die Ideen des Positivismus bekannt gemacht wurden. Am 15. November 1889 gab es einen Militärputsch, der von Benjamin Constant Botelho de Magalhäes geplant worden war. Er unterrichtete an einer der Militärakademien und war der Überzeugung, dass er mit dem Putsch dem

[25] Vgl. http://www.brasilien.info/geschichte/ (Stand: 30.12.2014)
[26] Vgl. http://www.brasilien.info/geschichte/ (Stand: 30.12.2014)
[27] Vgl. http://www.brasilien.info/geschichte/ (Stand: 30.12.2014)
[28] Vgl. http://www.brasilien.info/geschichte/ (Stand: 30.12.2014)

Ministerium des liberalen Premiers Ouro Preto die Macht nehmen kann. [29]

Der Putsch und der Ausruf der Republik Brasiliens:

Wie oben bereits erwähnt, wurde am 15. November 1889 Kaiser Pedro II. vom Militär gestürzt, woraufhin er und seine Familie das Land verlassen mussten. Die Gründe für den gewaltsamen Umbruch der politischen Situation waren der Streit mit dem Klerus, die immer mehr wachsende republikanische Bewegung und die Sklavenbefreiung. Es kam zum Ausruf der Republik, was Manuel Deodoro da Fonseca übernahm. Es hieß nun „Die Vereinigten Staaten von Brasilien".[30]

Die Republik in den Jahren von 1889 – 1930:

Es wurden viele Präsidenten vom Volk gewählt, die nicht nur für Frieden, sondern auch für innerbrasilianischen Krieg sorgten. Jedoch bekam das Land mit den neuen Wahlen eine politische Stabilität. Viele Regeln und Maßnahmen, die das Leben besser gestalten sollten, wurden nun beschlossen. Es gab eine Einführung des metrischen Systems, eine allgemeine Schulpflicht, die große Volkszählung und erste Absonderungen von Kirche und Staat. Vor allem der Kaffee hat die Wirtschaft des Landes angekurbelt und den Wohlstand gesichert. Als Brasilien dann in den 1. Weltkrieg gegen Deutschland eingetreten war, war die Nachfrage des Kaffees nicht mehr so groß und das Land hatte wirtschaftliche Probleme. [31]

Die „Vargas Ära":

Im Jahr 1930 war die Wirtschaft durch den schlechten Handel von Kaffee immer noch geschwächt und das Volk war dadurch sehr unzufrieden. Der „Vater der Armen", Getúlio Dornelles Vargas, zettelte einen Aufstand gegen die Regierung an und wurde dann zum Präsidenten.[32]

Er verbesserte die wirtschaftliche Situation und leitete soziale Leistungen ein. Deshalb wurde seine Herrschaft als „wohlwollende Diktatur" bezeichnet. Im Jahr 1942 trat Vargas in den 2. Weltkrieg gegen die Achsenmächte ein und sendete eine Armee von 25.000 Mann mit einer Fliegerstaffel nach Italien. Diese Armee nannte sich „Forca Expedicionária Brasileira" und musste in der Schlacht um Monte Cassino kämpfen. Rund 500 Brasilianer mussten im 2. Weltkrieg ihr Leben lassen. Im Jahr 1945 wurde Vargas vom Militär entlassen und José Linhares wurde vom Militär als neuer Präsident eingesetzt. Eurico Gaspar Dutra wurde 1946 durch die Volkswahlen Präsident und kurze Zeit später, 1951, kam Vargas wieder an die

[29] Vgl. http://www.brasilien.info/geschichte/ (Stand: 30.12.2014)
[30] Vgl. http://www.brasilien.info/geschichte/ (Stand: 30.12.2014)
[31] Vgl. http://www.brasilien.info/geschichte/ (Stand: 30.12.2014)
[32] Vgl. http://www.brasilien.info/geschichte/ (Stand: 30.12.2014)

Macht. Seine Herrschaft hielt nicht mehr lange, da die USA gegen seine sozialistische Politik war und er sich deswegen 3 Jahre später umbrachte. Es gab bis 1964 noch viele andere Präsidenten, die alle ohne Erfolg versuchten das Land in eine stabile Lage zu bringen.[33]

Die Militärdiktatur Brasiliens:

Mit Unterstützung der CIA gelang es dem Militär die Regierung Brasiliens zu stürzen, sie ins Exil zu nötigen und die Macht an sich zu reißen. Die linke Opposition wurde verdrängt, 300 Personen verloren ihre politischen Rechte und der General Humberto Castelo Branco stand an der Spitze der Macht. Im Jahr 1965 wurden die bürgerlichen Rechte erheblich eingeschränkt und um die Wahl des Präsidenten durch den Kongress festzulegen, bekam die Nationalregierung immer mehr Macht. Ein Jahr später wurde Marschall Artur da Costa e Silva, der Kandidat der Regierungspartei ARENA und ehemaliger Kriegsminister war, zum Präsidenten. Die einzige demokratische Oppositionspartei, MDB, hat keinen Kandidaten zur Wahl aufgestellt, da die Regierung alle „gefährlichen“ Gegenkandidaten von der Wahl ausgegliedert hat und deswegen wurden die Wahlen 1966 von der Regierungspartei ARENA gewonnen. Im Jahr 1968 gab es viele Streiks und Unruhen. Die Folgen der Regierung waren politische Säuberungen und noch mehr Zensur. Im August 1969 wurde der Präsident vom Militär entlassen und der General Emilio Garrastazu Médici wurde eingestellt. Die Unruhen im Land ließen nicht nach und sogar der katholische Klerus lehnte die schrecklichen Bedingungen der Bevölkerung ab. Die Hoheitsgewässer von Brasilien wurden unter Médici von 12 auf 200 Meilen erweitert. Im Jahr 1974 gab es wieder einen neuen Präsidenten, General Ernesto Geisel. Zuvor hatte er eine Militärkarriere hinter sich und war Präsident einer staatlichen Ölmonopolgesellschaft gewesen. In den 70er blühte das Land unter der Militärdiktatur auf. Im Jahr 1979 wurde General Joao Baptista de Oliveira Figueiredo neuer Präsident von Brasilien. In der 80er Jahren gab es eine Wirtschaftskrise, die dazu führte, dass es 1985 wieder freie Wahlen gab. [34]

Die Demokratie Brasiliens:

Nachdem Tancredo Neves die Wahlen gewann, war die 21-jährige Militärdiktatur vollkommen beendet. Sein Amt als Präsident konnte er nie antreten, da er vorher noch verstarb. Im gleichen Jahr wurde auch das Wahlrecht für Analphabeten akzeptiert. Eine neue Verfassung wurde geschrieben, die die Sozialausgaben erhöhen sollte. Diese wurde im Jahr 1988 wieder verabschiedet. Angesichts der hohen Inflation schlossen Brasilien, Uruguay, Paraguay und Argentinien am 26. April 1991 das Handelsabkommen „Mercosur“. Dadurch

[33] Vgl. http://www.brasilien.info/geschichte/ (Stand: 30.12.2014)
[34] Vgl. http://www.brasilien.info/geschichte/ (Stand: 30.12.2014)

wollten sie die Wirtschaft Südamerikas sichern. 1993 gab es eine Wahl zur Wiedereinführung der Monarchie in Brasilien; das Volk entschied sich dagegen. Im Jahr 1994 wurde eine neue Währungsreform eingeführt, die den „Plano Real" mit sich brachte. Der „Plano Real" beinhaltet, dass die Inflation vorerst unterbrochen wird. Brasilien hatte nun die Gelegenheit in ihrem Land aufzuräumen. Dafür wurde die Privatisierung von Staatsmonopolen gefördert. Trotzdem stiegen die Schulden von Brasilien in die Höhe. Von 1995 bis 2002 stiegen die Schulden von 28,1% auf 55,5% des BIP an. Luiz Inácio Lula da Silva war von 2003 – 2011 der Präsident von Brasilien. Unter ihm konnten die Staatsschulden verkleinert werden. Die erste Präsidentin hat Brasilien 2011 gewählt, Dilma Rousseff. [35]

2. Die USA

Um in das Thema der USA einzuleiten, möchte ich vorerst eine kurze Vorstellung mit den wichtigsten Fakten zu diesem Land geben. Die USA (United States of America/ Vereinigte Staaten von Amerika) hat eine Fläche von 9.857.306 km² und eine Einwohnerzahl von ca. 316 Millionen. An der Ostküste des Landes befindet sich die Hauptstadt Washington D.C.[36] Im Folgenden ist eine Landkarte der USA und eine Weltkarte, auf der die USA gekennzeichnet ist (schwarz), zu sehen.

Auch die Flagge der USA spielt eine wichtige Rolle. Diese enthält sechs weiße und sieben rote Streifen, die für die 13 Gründungsstaaten und 50 weiße Sterne, die für die Bundesstaaten der USA stehen.[37] In dem weiteren Teil meiner Arbeit möchte ich insbesondere auf die Wirtschaft und Kultur der USA eingehen und zeigen, wie sie sich im Laufe der Jahre verändert hat.

2.1 Wirtschaft

Um die Wirtschaft der USA (Vereinigte Staaten von Amerika) kennenzulernen, muss man zuerst das Wirtschaftssystem, welches auf sozialphilosophischen[38] Grundlagen beruht, überdenken. Hierbei ist besonders die individuelle Freiheit, die von der USA gestellt wird, mit der "Kooperation und Koordination mit anderen Wirtschaftssubjekten in wettbewerblich

[35] Vgl. http://www.brasilien.info/geschichte/ (Stand: 30.12.2014)
[36] Vgl.: http://www.kooperation-international.de/buf/usa/allgemeine-landesinformationen.html (Stand: 2.Dezember 2014) (aktuelle Bevölkerungszahlen und Landesgrößen: Google)
[37] Vgl.: http://www.ipicture.de/flagge/flagge_usa.html (Stand: 2. Dezember 2014)
[38] Sozialphilosophie: "Philosophie, die sich mit dem Menschen als gesellschaftlich bestimmtem Wesen und der kritisch reflektierenden Untersuchung der Gesellschaft befasst" (http://www.duden.de/rechtschreibung/Sozialphilosophie (Stand: 5. Dezember 2014))

organisierten Märkten aller Art"[39] zu vergleichen, wozu auch der Konkurrenzkampf der Märkte und die Abwendung von wettbewerbsschädlichen Handel, auch im Interesse der Verbraucher, zählt.[40] Diese und weitere Gründe tragen dazu bei, dass die USA in den letzten Jahrzehnten zu einer der stärksten globalen Wirtschaftsmächte aufgestiegen ist.

"Das Verhältnis von individuellen und kollektiven Entscheidungen nimmt konkrete Gestalt an in der Wirtschaftsverfassung eines Landes."[41] Diese These möchte ich im Folgenden durch die genannten Aspekte von Hans Dietrich von Loeffelholz erläutern. Der Autor zeigt auf, dass zum Beispiel in Deutschland jeder zweite Euro dafür verwendet wird, um öffentliche Güter bereitzustellen und durch öffentliche Kassen geschleust wird, wobei in den USA nur jeder dritte Dollar dafür verwendet wird und sich dies auf die Einstellungen und Sozialphilosophie eines Staates auswirkt. Außerdem wird dadurch auch die Rolle in einer modernen Dienstleistungswirtschaft hervorgehoben.

Die Erfahrungen der Menschen, die sie bei der Ansiedlung der USA gemacht haben und religiöse und wirtschafts- und sozialphilosophische Grundüberzeugungen sind zum einen Gründe für die große Eigenständigkeit des Systems in Hinblick auf die Wirtschaft. Besonders wichtige Grundwerte der amerikanischer Bürger sind vor allem die Gleichheit und die Unabhängigkeit.[42]

Auch die wirtschaftliche Entwicklung ist ausschlaggebend für die Wirtschaft, die heute in den USA aufzufinden ist. Bis ungefähr 1850 hatte die USA ein extensives Wachstum, welche hauptsächlich durch die Erschließung des neuen Landes entstanden ist, was sich ab 1850 zu einem intensiven Wachstum, besonders durch die Industrialisierung, umwandelte. Darüber hinaus wurde dies durch die Immigration und den Eisenbahnbau eingeleitet. Mit der Zeit kommen auch Faktoren, wie eine intensive Entwicklung und Forschung, die überwiegend zu einen hohen Produktivitätswachstum führten, die Standardisierung und Massenproduktion, welche zu einem erheblichen Rückgang des Handwerks führten, hinzu. Des Weiteren hat sich die USA auf den Binnenmarkt[43] konzentriert, wobei auch der Außenhandel ein wichtiges Element war. In erster Linie war auch die Einwanderung in die USA ein wichtiger Faktor, dass die USA zu einer "Supermacht" aufsteigen konnte, welche sie

[39] Vgl.: Peter Lösche, Hans Dietrich von Loeffelholz, Anja Ostermann (Herausgeber); Länderbericht USA: Geschichte, Politik, Wirtschaft, Gesellschaft, Kultur (Titel), S.508, 2005
[40] Vgl.: Peter Lösche, Hans Dietrich von Loeffelholz, Anja Ostermann (Herausgeber); Länderbericht USA: Geschichte, Politik, Wirtschaft, Gesellschaft, Kultur (Titel), S.508, 2005
[41] Vgl.: Peter Lösche, Hans Dietrich von Loeffelholz, Anja Ostermann (Herausgeber); Länderbericht USA: Geschichte, Politik, Wirtschaft, Gesellschaft, Kultur (Titel), S.509, 2005
[42] Vgl.: Peter Lösche, Hans Dietrich von Loeffelholz, Anja Ostermann (Herausgeber); Länderbericht USA: Geschichte, Politik, Wirtschaft, Gesellschaft, Kultur (Titel), S.510, 2005
[43] Binnenmarkt: "Markt innerhalb der Grenzen eines Staates oder eines Staatenbündnisses" (http://www.duden.de/rechtschreibung/Binnenmarkt (Stand: 7. Dezember 2014))

heute noch ist. Auf diesen Punkt möchte ich im Folgenden auch noch einmal etwas genauer eingehen.[44]

Es gab einige Ursachen, die die Menschen dazu bewegten in die USA zu gehen. Zum Beispiel, dass es einen Auswanderungsdruck in Europa gab und die USA die passende Anziehungskraft dazu bildete. Der Auswanderungsdruck in Europa hatte vor allem politische Ursachen zu Grunde liegen. Die gescheiterte Deutsche Revolution von 1848 hinderte eine Machtergreifung des Bürgertums, was bedeutete, dass der Adel hauptsächlich in Deutschland, aber auch in Russland und Österreich-Ungarn, an der Macht blieb. Dies lässt darauf schließen, dass dem damaligen Bürgertum kein sozialer Aufstieg möglich war, da die höheren Ämter hauptsächlich vom Adel besetzt waren und die Menschen aus diesen Gründen in die USA auswanderten. Auch wirtschaftliche Ursachen, wie unterdurchschnittliche Arbeits- und Wohnbedingungen, Arbeitslosigkeit und teilweise auch Hungersnöte und Elend, welche besonders auch nach Krisenzeiten, wie die Deutsche Revolution, eintraten, waren Gründe für die Auswanderung in Deutschland beziehungsweise die Einwanderung in die USA. Die Vereinigten Staaten von Amerika hingegen boten den Auswanderern eine Chancengleichheit. Außerdem galt damals, wie auch heute, die USA als Land, welche große Freiheit gewährte. Es herrschte in den USA eine größere religiöse Toleranz, als in Deutschland und auch die ökonomischen Erfolgsmöglichkeiten gab den Menschen Hoffnung und führte zu einer enormen Einwanderung in das Land. Diese sind in drei wichtige Phasen der Immigration[45] einzuteilen. In den Jahren zwischen 1820 und 1896 wanderten die meisten Menschen aus Nord- und Westeuropa und vor allem Deutschland, welche noch heute die gesellschaftliche Oberschicht bilden, da sie als "alte" Einwanderer zählen, ein. Als zweite Phase ist die Zeit von 1896-1921 zu zählen, in der die Einwanderer überwiegend aus Süd- und Osteuropa kommen, wozu größten Teils die jüdischen Bevölkerung zählt, da diese unter ethnischen Verfolgungen litten. Ab 1921, der dritten Einwanderungsphase, folgte eine begrenzte Einwanderungspolitik, da die Gesetze von 1921 und 1924 die jährliche Einwanderung beschränkte. Insgesamt gab es in den Jahren von 1820-1970 45 Millionen Einwanderer aus Europa.[46] An diesen Phasen werden insbesondere auch die Auswirkungen, die die Einwanderung in die USA mit sich ziehen, sichtbar und stellen dar, warum die Wirtschaft der USA zustande gekommen ist, wie man sie heute vorfindet. Der größte Teil der Einwanderer gehört zu der jungen Gesellschaft zwischen 20

[44] Vgl.:http://www.unifr.ch/withe/assets/files/Bachelor/Wirtschaftsgeschichte/Wige_DeuUSA.pdf ; Seite 19 (Stand: 7. Dezember 2014)
[45] Immigrant: "Einwanderer" http://www.duden.de/rechtschreibung/Immigrant (Stand: 7. Dezember 2014)
[46] Vgl.: http://www.unifr.ch/withe/assets/files/Bachelor/Wirtschaftsgeschichte/Wige_DeuUSA.pdf ; Seite 19-21 (Stand: 7. Dezember 2014)

und 30 Jahren. Dies führt zu einer günstigen Bevölkerungsstruktur, woraus eine hohe Erwerbsquote resultiert. Auch die Erschließungen neuen Landes stellen Auswirkungen der Immigranten in die USA dar. Des Weiteren weitete sich dadurch auch der Binnenmarkt aus, was bedeutete, dass "die Nachfrage nach Konsumgütern (Nahrungsmittel, Kleider), Häusern und zusätzlicher Infrastruktur (z.B. Schulen) [dramatisch zunahm]."[47] Folglich durch die Einwanderer stieg auch die Bevölkerungszahl und somit entstand ein enormes Bevölkerungswachstum, welches einen Ausbau der Infrastruktur in sozialen und religiösen Gesichtspunkten forderte, wie zum Beispiel Kirchen. Letzteres ist noch zu erwähnen, dass die ersten Immigranten ab 1620 Mitglieder von protestantischen Sekten waren und diese mit der englischen Hochkirche Auseinandersetzungen hatten, was man als Nonkonformismus[48] bezeichnet. Diese Nonkonformisten hatten autoritäre Regeln und waren festen Glaubens, dass die USA ein gelobtes Land sei, in dem eine gottergebene und religiöse Welt gegründet werden soll, im Gegensatz zu Europa, welches besonders als kriegszerrissen galt.[49] All dies sind Gründe dafür, dass die USA zu einer Weltwirtschaft Macht aufsteigen konnte, welche sie heutzutage nun einmal ist. Dies möchte ich in meinem letzten Punkt auch noch einmal aufzeigen.

Das Fundament dafür, dass die USA eine führende internationale Wirtschaftsmacht ist, sind zum Beispiel die Rohstoffvorkommen, das Finanz- und Wirtschaftssystem und die verschiedenen Klimazonen, die den Anbau von vielfältigen Kulturpflanzen möglich machen. Aus den Rohstoffen und Handelsgut aus der Landwirtschaft, die die USA besitzt, kann hauptsächlich der Eigenbedarf eines US-Bürgers gedeckt werden und nur wenige Produkte, wie Bananen und Kaffee, müssen aus dem Ausland importiert werden. Des Weiteren hat die USA ein großes Vorkommen an Erdöl, Erdgas und Braun- und Steinkohle (etc.). Hierbei ist jedoch zu bemerken, dass sie trotzdem durch den hohen Energiebedarf Erdöl importieren. Die USA ist nach China die größte Exportnation, welche hauptsächlich Automobile, Kapitalgüter und Maschinen einführen. Um dies zu importieren beziehungsweise eigene Rohstoffe und andere Länder zu exportieren, besitzt die USA 6,4 Millionen Kilometer ausgebaute Straßen. An dieser Stelle verwenden sie hautsächlich den Eisenbahnverkehr für den Warentransport, aber auch der Flug- und Autoverkehr spielt eine große Rolle in den

---

[47] Vgl.: http://www.unifr.ch/withe/assets/files/Bachelor/Wirtschaftsgeschichte/Wige_DeuUSA.pdf ; Seite 23 (Stand: 7. Dezember 2014)

[48] Nonkonformismus: "von der herrschenden Meinung, den bestehenden Verhältnissen unabhängige Einstellung, Auffassung" (http://www.duden.de/rechtschreibung/Nonkonformismus (Stand: 7. Dezember 2014))

[49] Vgl.: http://www.unifr.ch/withe/assets/files/Bachelor/Wirtschaftsgeschichte/Wige_DeuUSA.pdf ; Seite 23 (Stand: 7.Dezember 2014)

USA.[50] Die Vereinigten Staaten von Amerika bringen ungefähr ein Fünftel des alljährlich Welteinkommens ein.

Abb.15: Die EU und USA in die Weltwirtschaft[51]

In der oben gezeigten Abbildung wird noch einmal die Weltwirtschaft der USA sichtbar. Man erkennt zum Beispiel, dass das Bruttoinlandsprodukt[52] in den USA einen kleineren Teil als die EU und den Rest der Welt einnimmt. Trotzdem stellt sie die größte Volkswirtschaft dar. Des Weiteren sieht man, dass die USA nur einen geringen Teil an Investitionen hat, weil das Land (wie oben genannt), sehr viele Rohstoffe hat und nur wenige aus anderen Ländern importiert. Die sieht man auch noch einmal in der gezeigten Darstellung unter "Exporte/Importe". Jedoch ist auch zu erkennen, dass die USA eine sehr hohe Staatsverschuldung hat. Diese entsprechen ungefähr 1/3 der gesamten Welt, wobei die Auslandsverschuldung davon keinen überwiegenden Teil einnimmt.

Abschließend zu dem Thema ist zu sagen, dass sich die USA mit den Jahren stark verändert hat. Die Vereinigten Staaten von Amerika haben sich zu einem modernen Industriestaat entwickelt und Massenproduktionen, die Menschen ausführen, die von der früheren Landwirtschaft in die Fabriken gegangen sind, stehen in den USA im Vordergrund.[53] Hierbei arbeiten die Menschen besonders für geringe Löhne und der "amerikanische Traum", in dem die USA als "Land der unbegrenzten Möglichkeiten" bezeichnet wird und alle Menschen eine Chance zum Aufstieg haben, wenn sie sich um und in der Arbeit bemühen, wird nicht mehr verwirklicht. Allerdings ist die USA trotz all diesen Umständen eine der größten globalen Weltwirtschaftsmächte.[54]

2.2 Kultur

In den USA gibt es verschiedene ethnische und gesellschaftliche Gruppen. Hierzu zählen die "African Americans" (Afroamerikaner)[55], "Asian Americans" (Asiatische Amerikaner)[56],

[50] Vgl.: http://www.laender-lexikon.de/Vereinigte_Staaten_von_Amerika_(Wirtschaft) (Stand: 7.Dezember 2014)
http://wirtschaftsblatt.at/images/uploads/5/3/0/1303856/usa_und_eu_in_der_weltwirtschaft_usa_eu_global_wb20121022094421.jpg (Stand: 7. Dezember 2014)
[52] Bruttoinlandsprodukt: Wert aller Waren und Dienstleistungen, die in einem Jahr innerhalb der Landesgrenzen einer Volkswirtschaft produziert werden (http://www.duden.de/rechtschreibung/Bruttoinlandsprodukt (Stand: 7. Dezember 2014))
[53] Vgl.: http://de.wikipedia.org/wiki/Wirtschaft_der_Vereinigten_Staaten
[54] eigene Quellen
[55] Afroamerikaner: "Amerikaner schwarzer Hautfarbe, dessen Vorfahren aus Afrika stammen" (http://www.duden.de/rechtschreibung/Afroamerikaner (Stand: 2. Januar 2015))
[56] Asiatische Amerikaner: Amerikaner, die in Asien geboren sind oder asiatische Vorfahren aus Asien haben (eigene Erklärung)

"Jewish Americans" (jüdische Amerikaner)[57], "Latino Americans" (Lateinamerikaner)[58], "Native Americans" (Indianer Nordamerikas) und Menschen mit einem "anderen" sexuellen Interesse, wie zum Beispiel Homosexuelle, Bisexuelle oder Transsexuelle.[59] Im Folgenden möchte ich kurz auf die Afroamerikaner und die "Native Americans" eingehen. Des Weiteren interessiert uns die Rolle und Emanzipation[60] der Frau in den USA.[61]

Afroamerikaner

Aus dem südlichen und westlichen Afrika wurden "gegen Ende des 16. Jahrhundert"[62] Menschen über Sklavenschiffe nach Amerika in die Kolonien gebracht. Dabei starben jedoch schon viele Sklaven bei der Überfahrt aufgrund der extremen Voraussetzungen. In den Kolonien dann wurde den Afrikanern ihre Identität gewaltsam "entnommen" und sie wurden meist zum Arbeiten auf Baumwollplantagen und in der Landwirtschaft eingesetzt. Auch Aufstände der Sklaven waren nicht möglich, da besonders britische Mächte dagegen gewaltsam vorgingen. Bis heute ist noch nicht klar, wie viele Menschen mit ihrem Leben und ihrer Freiheit bezahlen mussten, aber es wird eine geschätzte Zahl von 2 - 4 Millionen Menschen angegeben.[63] "Die Einsicht, dass Sklaverei und Rassismus einen prägenden Einfluss auf die amerikanische Geschichte hatten und bis heute noch haben ist allerdings relativ neu und allenfalls partiell ins populäre Geschichtsbewusstsein eingesickert."[64] Die Sklaverei und der Rassismus galten bis Mitte des 20. Jahrhunderts als Abschweifung von dem historischen Pfad, der die Fortschritte und die Freiheit beinhaltet. Die Gleichberechtigung und die Freiheit erlangten die Afroamerikaner jedoch nur durch einen Kampf der viele Opfer brachte.[65] Ab den 1950er Jahren begann die USA beziehungsweise einzelne Menschen gegen eine strikte Rassentrennung vorzugehen. Eine Rassentrennung in der US-Armee und später auch in Schulen wurde untersagt. Gegen Ende des 20. Jahrhunderts wurden auch Afroamerikaner in das politische Leben mit aufgenommen und zum Beispiel wurde Colin Powell 2001 der erste afroamerikanische Außenminister. Einer der

[57] jüdische Amerikaner: Amerikaner jüdischen Glaubens (eigene Erklärungen)
Jude: "Angehöriger eines semitischen Volkes, einer religions- und volksmäßig zusammengehörenden, über die ganze Erde verstreuten Gemeinschaft" (http://www.duden.de/rechtschreibung/Jude (Stand: 2. Januar 2015)
[58] Lateinamerika: "Gesamtheit der Spanisch und Portugiesisch sprechenden Staaten Mittel- und Südamerikas" (http://www.duden.de/rechtschreibung/Lateinamerika (Stand: 2. Januar 2015)
[59] http://www.ub.uni-mainz.de/ethnische-und-gesellschaftliche-gruppen-in-den-usa/ (Stand: 2.Januar 2015)
[60] Emanzipation: "rechtliche und gesellschaftliche Gleichstellung [der Frau mit dem Mann] (http://www.duden.de/rechtschreibung/Emanzipation (Stand: 2. Januar 2015))
[61] eigene Quellen
[62] Vgl.: http://mumia-hoerbuch.de/text/Afroamerikanische%20Geschichte%20in%20Nordamerika_Nov_12.pdf (Stand: 2. Januar 2015)
[63] Vgl.: http://mumia-hoerbuch.de/text/Afroamerikanische%20Geschichte%20in%20Nordamerika_Nov_12.pdf (Stand: 2. Januar 2015)
[64] Vgl.: Manfred Berg (Herausgeber); "Geschichte der USA" (Titel), S. 141, 2013
[65] Manfred Berg (Herausgeber); "Geschichte der USA" (Titel), S. 141, 2013

Höhepunkte fand im Jahr 2009 statt, in dem Barack Obama als erster Afroamerikaner 44. Präsident der Vereinigten Staaten von Amerika wird.[66]

"Native Americans"

Nach heutigen Forschungen wanderten die Ureinwohner über eine Landbrücke von Asien um 12.000 - 11.000 v. Chr. nach dem Ende der Eiszeit nach Nordamerika ein. Erst nach der Entdeckung durch Kolumbus kamen die Europäer in die USA und es kam zu einem starken Wandel der Kulturen, da diese von den Europäern verdrängt und in ihrem Glauben und ihren Religionen unterdrückt. Dies wirkte sich sehr stark auf die verschiedenen Kulturen in den USA aus und sorgte auch teilweise für einen Ausrottung einiger Kulturen.[67] Auch heute stellt die Entdeckung Amerikas für die Indianer Nordamerikas eine Katastrophe dar. Viele starben an Krankheiten oder Hungersnöten und sie zogen sich in Reservate in Nord- und Südamerika zurück, in denen sogar die Kinder Schwerstarbeit verrichten müssen. Trotzdem wird heute auf die Indianer in den Regenwäldern noch Druck ausgeübt zum Beispiel durch neue Siedler oder Holzfäller.[68]

Emanzipation der Frau

Noch im 19. Jahrhundert waren die Frauen in den USA noch sehr benachteiligt und besonders das Wahlrecht und einige Berufe wurden ihnen nicht gewährt. Erst, als 1840 der Weltkongress stattfand, in der es um die Abschaffung der Sklaverei ging und einigen Frauen die Teilnahme verwehrt worden war, kam es dann 1848 zu einem Frauenrechtskongress, welcher dazu führte, dass die "Seneca Falls Declaration"[69] in Kraft trat. Außerdem stellt dies den Beginn der Frauenbewegung in den USA dar. Jedoch erst 1920 wurden die Bemühungen der Frauenrechtlerinnen in der USA anerkannt und der 19. Zusatzartikel in der Verfassung der Vereinigten Staaten trat in Kraft und beinhaltet: „Das Wahlrecht der Bürger der Vereinigten Staaten darf von den Vereinigten Staaten oder einem Einzelstaat nicht auf Grund des Geschlechts versagt oder beschränkt werden. Der Kongress ist befugt, diesen Zusatzartikel durch entsprechende Gesetze zur Durchführung zu bringen.“[70] Dies hielt die Benachteiligung in Grenzen und förderte die Gleichberechtigung auch, wenn die Frauen noch Jahre danach weitere Fortschritte der Frauenemanzipation erreichten.

---

[66] Vgl.: http://www.n24.de/n24/Nachrichten/Panorama/d/560244/chronologie--geschichte-der-schwarzen-in-den-usa.html (Stand: 3. Januar 2015)
[67] Vgl.: http://de.wikipedia.org/wiki/Indianer_Nordamerikas (Stand: 3. Januar 2015)
[68] Vgl. : http://www.wissen.de/indianer-die-ureinwohner-amerikas
[69] Seneca Falls Declaration: "Forderung gleicher Rechte, gleichen sozialen Status und Wahlrecht für Frauen" (http://de.wikipedia.org/wiki/Declaration_of_Sentiments (Stand: 3. Januar 2015))
[70] Vgl.: http://www.schule-bw.de/unterricht/faecher/geschichte/unterricht/unterrichtsekl/19jahrhundert/usasek1/frauenemanzipation-usa/ (Stand: 3. Januar 2015)

Zusammenfassend ist zu sagen, dass die USA ein breites Spektrum an Kultur hat, sich jedoch manche aufgrund von vergangenen Geschehnissen nicht entfalten können, wie zum Beispiel die "Native Americans". Allerdings hat die Emanzipation zum Beispiel von den Afroamerikanern, die damals als Sklaven unterdrückt wurden, oder von Frauen einen großen Fortschritt gemacht und sich weiterentwickelt.

2.3 Empirischer Teil - Interview mit Michelle Sallmann

Im Folgenden möchte ich das Interview analysieren und Punkte zusammentragen, die für die Wirtschaft und die Kultur der USA wichtig sind.

Wir haben uns für ein Interview mit Personen entschieden, in diesem Fall Michelle Sallmann, die die USA schon einmal besucht haben und uns Informationen über das Land und die Menschen geben können. Wir sind der Ansicht, dass Außenstehende, die nicht in den USA leben, dieses Land besser beschreiben können, da sie nicht dort leben und dies eine andere Sichtweise darstellt. Sie können Unterschiede zum eigenen Land ziehen und erklären, was die USA für alternative Begebenheiten aufweist.[71]

Als Erstes haben wir einen besonderen Wert auf die Auswahl der Fragen für das Interview gelegt. Unser Ziel hierbei war es vordergründig Auskunft über die Wirtschaft und die Kultur der USA zu bekommen. Außerdem sollten gezielt Fragen gewählt werden, die Unterschiede zu Brasilien herausstellen. Dazu haben wir uns vorher Gedanken gemacht, welches Ungleichheiten es zwischen Brasilien und den USA geben könnte und somit die Fragen entwickelt. Damit können wir dann am Ende unserer Arbeit die beiden Interviews beziehungsweise auch die Länder miteinander vergleichen und Gemeinsamkeiten und Unterschiede herausarbeiten. Zum Beispiel Fragen wie "Gab es gravierende Unterschiede zwischen Arm und Reich?" sollen uns Hinweise darauf geben, wie die Menschen in dem Land leben. Dies versuchen wir dann durch die Geschichte der USA und Brasilien herzuleiten und herauszufinden, wie diese Unterschiede sich entwickelt haben und warum die Wirtschaft und Kultur heutzutage so vorzufinden ist. Des Weiteren haben wir auch länderspezifische Fragen ausgewählt, die nicht zum Vergleich der Länder sondern eher zum Verständnis dienen sollen um sich die USA zu verbildlichen können.[72]

Unsere erste Frage im Interview bezieht sich auf die Beschreibung der USA. An dieser Stelle wird sie als groß, weitläufig, bunt und faszinierend beschrieben. Dies zeigt uns, dass die

[71] eigene Quellen
[72] eigene Quellen

USA sich im Laufe der Jahre, seit der Entdeckung durch Kolumbus, auf- und ausgebaut hat. Sie hat große und bunte Städte, wie New York und Las Vegas, errichtet und sich zu einer Weltwirtschaftsmacht hochgearbeitet. Auch wichtig in unserem Interview war es für uns zu wissen, was die Menschen in die USA zieht, wobei besonders die Sprache und die Menschen in diesem Land ein ausschlaggebender Punkt waren. Hier ist zu sehen, dass sich die Gründe für eine Einreise in die USA stark verändert haben. Im 20. Jahrhundert waren überwiegend religiöse Toleranz, Chancengleichheit und Freiheit bewegende Aspekte dafür in die USA zu gehen, welche sich mit den Jahren veränderte. Die Sprache ist heutzutage einer der bedeutendsten Aspekte für eine Reise in ein anderes Land. In den USA sind weltweit die meisten Menschen vorhanden, die Englisch sprechen. Englisch entwickelte sich in den Jahren zu einer Weltsprache, die deshalb so wichtig für die Menschen heute ist, da sie damit nicht nur aus persönlichem Interesse Erkenntnisse und Fortschritte gewinnen[73] "[...] sondern von allen Weltsprachen auch am meisten in Kultur, Wissenschaft und Wirtschaft eingesetzt [wird]."[74] Aber auch das Kennenlernen neuer Kulturen ist ein wichtiger Punkt in die USA zu gehen. Viele Menschen wollen neuen Kulturen begegnen, die sie nicht gewohnt sind und herausfinden, welche Unterschiede es zwischen der Eigenen gibt, was wir in unserer Seminarkursarbeit durch den Vergleich zwischen Nord- und Südamerika, also Brasilien und der USA, auch erreichen wollen. In unserer nächsten Frage ging es darum das Empfinden in den Land allgemein zu beschreiben. An dieser Stelle erklärt Michelle Sallmann, dass die Staaten in den USA alle sehr verschieden sind und dass man sie nicht "über einen Kamm scheren kann".[75] Auch bezeichnet sie das Land als aufregend und ambivalent[76]. Der Grund dafür, dass die verschiedenen Staaten sich so unterschiedlich entwickelt haben liegt an den damaligen Kolonien.[77] "Symbolisch für die Diversität von Entwicklungspfaden steht [zum Beispiel] die Stadt Nogales: Ein Teil dieser Stadt liegt im US-Bundesstaat Arizona und ist hoch entwickelt; der andere, durch einen Zaun abgetrennte Teil liegt in Mexiko und ist verarmt und von Korruption durchsetzt."[78] Aus diesen Gründen wird die USA auch als aufregend bezeichnet. Auch die Ambivalenz liegt dem zugrunde und entsteht durch die verschiedenen Staaten, die sich hinsichtlich der Gesetze und Menschen unterscheiden. Somit kann man diese auch nicht miteinander vergleichen. Die USA wird oft auch als "Land der unbegrenzten Möglichkeiten" bezeichnet. Die Vorstellung von einem amerikanischen Traum, in der alle Menschen ein gleiches Recht und dieselben Aufstiegschancen haben

[73] eigene Quellen
[74] Vgl.: http://www.weltsprachen.net/weltsprache-englisch.html (Stand: 28. Dezember 2014)
[75] Michelle Sallmann
[76] ambivalent: " in sich widersprüchlich; zwiespältig" (http://www.duden.de/rechtschreibung/ambivalent (Stand: 29. Dezember 2014)
[77] eigene Quellen
[78] Vgl.: http://e-politik.de/artikel/2013/von-erfolgreichen-und-scheiternden-staaten/ (Stand: 29. Dezember 2014)

obgleich sie eine andere Herkunft, Religion oder Hautfarbe besitzen, ist jedoch nur ein Mythos.[79] Für uns hat sich hier die Frage gestellt, ob die Menschen heute die USA noch als "Land der unbegrenzten Möglichkeiten" ansehen. Unsere Antwort jedoch auf diese Frage wurde deutlich verneint. Michelle Sallmann hat beschrieben, dass man nicht von der "schönen" oder "schlechten" USA[80] sprechen kann und dass insgesamt die USA auch begrenzte Möglichkeiten aufweist. Auch die folgende Grafik zeigt, dass mehr als die Hälfte der Befragten der Meinung sind, dass die USA nicht mehr das "Land der unbegrenzten Möglichkeiten" ist.[81]

Abb. 16 USA - "Land der unbegrenzten Möglichkeiten?" (Umfrage)[82]

Die Weltwirtschaftskrise in den USA ist ein ausschlaggebender Punkt dafür. Außerdem hat sich der Unterschied zwischen Arm und Reich immer mehr ausgeweitet und hat dafür gesorgt, dass der amerikanische Traum nicht mehr verwirklicht werden kann.[83] Diese Differenzen werden auch in unserem Interview angesprochen und von Michelle Sallmann bestätigt. In unserer nächste Frage wollten wir herausfinden, wie die Menschen von Außenstehenden empfunden werden. Auch hier wird die Verschiedenheit der Staaten sichtbar und ist wie oben genannt auf die voneinander abweichenden Gesetze und Menschen zurückzuführen. Abschließend hat uns noch interessiert, ob die USA trotz ihrer Für und Wider nochmals einen Besuch wert wären und unser Interviewpartner bekräftigt diese Frage. Dies lässt uns darauf schließen, dass die Menschen, die die USA besuchen von den "guten" Seiten der USA fasziniert werden und somit die "schlechten" Seiten, die sie aufweist, eher in den Hintergrund geraten.[84]

Insgesamt hat uns das Interview viele aufschlussreiche Informationen zu der Wirtschaft und Kultur in die USA gegeben. Wir haben herausgefunden, dass die Vereinigten Staaten von Amerika in sich ein sehr verschiedenes Land ist und, dass man die 50 Staaten, die die USA beinhaltet, auch als alleinstehende Staaten betrachten könnte. Dies kommt zum Beispiel auch durch die verschiedenen Kulturen, die in dem Land leben, zustande und gibt uns darüber Auskunft. Allgemein mussten wir feststellen, dass durch unser Interview keine genaueren Angaben zu den Kulturen in den USA hervortraten. Wir konnten zwar herausfinden, dass es verschiedene Kulturen gibt und dass diese auch eine unterschiedliche

---

[79] Vgl.: http://www.zeit.de/2012/43/Amerikanischer-Traum-Reportage-USA (Stand: 29. Dezember 2014)
[80] Michelle Sallmann
[81] eigene Quellen

[83] Vgl.: http://www.boell.de/de/bildungkultur/bildung-kultur-american-dream-im-jahr-2010-10399.html (Stand: 1. Januar 2015)
[84] eigene Quellen

Art zu leben haben, aber wir haben keine weiteren Informationen über die verschiedenen Kulturen bekommen, wie zum Beispiel, wie viele es gibt, wie sie "heißen" oder wie sie sich unterscheiden. Jedoch haben wir dies in unserem Thema "Kultur" (2.2) betitelt und genannt. Trotzdem sind uns durch unser Interview und besonders durch das Formulieren der Fragen und das Bedenken von möglichen Antworten einige Sachen deutlich geworden und haben uns zu vielen neuen Erkenntnissen und zu unserem Ziel eigene Erhebungen zu machen, die uns bei der Erschließung unseres Themas helfen sollten, geführt.[85]

3. Brasilien

Um erstmal ein genaues Bild von Brasilien zu bekommen und um in das Thema einleiten, werde ich nun ein paar Fakten über Brasilien nennen. Brasilien ist ein Staat in Südamerika und unter anderem das fünftgrößte Land der Erde. In diesem Land wird portugiesisch statt spanisch gesprochen, was sonst in den anderen südamerikanischen Ländern vertreten ist. Brasilien grenzt an Ecuador und Chile und die Währungseinheit dort nennt man REAL. Die Temperaturen liegen durchschnittlich im Norden bei 15 und im Süden bei 27 Grad und ist daher sehr trocken.

Da Brasilien sich in den Tropen befindet haben sie einen großen Regenwaldanteil und damit vielfältige Tier- und Pflanzenarten. [86]

3.1 Wirtschaft

Brasilien gehört zur siebtgrößten Volkswirtschaft der Welt. In den letzten Jahren kam es zu einem Anstieg der Beschäftigungszahlen und zu höheren Wachstumsraten. Die Entwicklung Brasiliens geht auf mehrere Jahre zurück, da es zu einer großen Entwicklung kam.[87] Wie man an der Geschichte Brasiliens erkennen konnte (siehe 1.1), wurde zur Zeit der Errichtung eines Handelsmonopols für Gewürze in Portugal kein großer Wert auf eine Kolonisierung gelegt. Allgemein kann man die Wirtschaftsgeschichte Brasiliens in verschiedenen Zyklen einteilen. Im Laufe der Jahre gab es verschiedene Rohstoffe, die sehr bedeutend waren für das portugiesische Volk. Im 16. Jahrhundert war es die Zuckerproduktion, welches bis zum 18.Jahrhundert von der Abholzung des Brasilholzes abgelöst wurde. Zur damaligen Zeit gab es keine Infrastruktur und ab dem 17. Jahrhundert begann vermehrt die Versklavung durch den erhöhten Zuckerimport. Durch Gold, welches insbesondere in der Gebirgsregion „Minas Gerais“ sein Vorkommen fand, erlebte die Provinz von 1700 bis 1800 einen großen Anstieg.

[85] eigene Quellen
[86] Vgl. http://www.gateway-brazil.de/brasilien/infos/brasilien-daten-und-fakten.html (Stand:12.12.2014)
[87] Vgl. http://www.auswaertiges-amt.de/DE/Aussenpolitik/Laender/Laenderinfos/Brasilien/Wirtschaft_node.html (Stand: 01.01.2015)

Als Frankreich und Spanien begannen, Portugal zu besiedeln spanische Schiffe die portugiesische Küste besiedelten, erlebte Brasilien einen wirtschaftlichen Aufschwung. Da die Goldgruben in Brasilien nicht viel Geld eingebracht haben, wurde der Schwerpunkt auf den Kaffee verlegt bis 1929. Nach dem Ende der konstitutionellen Monarchie in Brasilien kam es zur neuen Verfassung, nach dem Vorbild der USA. Durch die neuen Voraussetzungen brachend die Finanzmärkte zusammen und es kam zum Ende der ersten Republik nach der Revolution im Oktober 1930.[88] 20 Jahre später war das durchschnittliche Wirtschaftswachstum von Brasilien bei 5,3%, welches aber in den kommenden Jahren etwas sank. Dies kam daher, da Brasilien kurz vor dem 20.Jahrhundert zu wirtschaftlichen Krisenstaaten gehörte und es zu einer großen Auslandsverschuldung von fast 272 Mrd. $ kam. Nach der Idee des Chefs der brasilianischen Zentralbank kam es zu einer allgemeinen Zinssenkung, damit Brasilien nicht zu einem zahlungsunfähigen Staat gehört. Aus diesem Grund kam es wieder zu einer Ankurbelung der Wirtschaft. Durch zahlreiche Präsidenten konnte Brasilien mehrere Erfolge erreichen. Zum Beispiel kam 2002 Luiz Inácio Lula da Silva an die Macht und führte viele Sozialprogramme ein, die für genügend Nahrungsmittel in den Bevölkerungsschichten sorgen sollten. In dieser Zeit bekam die Unterschicht des portugiesischen Volkes genügend Unterstützung, dass über 20 Mio. Menschen in die Mittelschicht aufstiegen. Die Nachfolgerin Dilma Rouseff errichteter in ihrer Amtszeit über 1,6 Mio. neue Arbeitsplätze. Obwohl es in der Vergangenheit zu vielen Tiefen in Brasiliens Wirtschaftsgeschichte gab, verdoppelte sich die Wirtschaftskraft bis 2010. Als es in 2008 und 2009 zu einer weltweiten Finanzkrise kam, blieb Brasilien trotzdem einer der resistentesten Volkswirtschaften der Erde. Heutzutage ist Brasilien einer der größten Exportpartner Asiens für Rohstoffe, insbesondere für Nahrungsmittel und Eisenerz. Allerdings ist Brasilien nicht vom Export abhängig, da dies nur einen Teil von 12 % ausmachen und die Bevölkerung für den größten Wirtschaftsaufschwung sorgt. Mittlerweile wurden bis heute über 14. Mio. neue Arbeitsplätze geschaffen, durch Steuersenkungen und neu errichtete Sozialprogramme. Allerdings beklagen sich viele Leute weltweit, dass es in Brasilien viele Gegensätze gibt. Carlos Lopez, UN-Koordinator für Brasilien schrieb[89]: „Sklavenarbeit und hochmoderner Flugzeugbau, Regionen wie in der Ersten und in der Dritten Welt existieren nebeneinander“ und „Gemäß unseren Studien ist Brasilien Weltmeister in sozialer Ungleichheit!“[90] Damit ist gemeint, dass es in Brasilien viel Armut gibt. Nichts desto trotz werden nicht die sozialen Unterschiede beglichen, sondern sich erst um ein besseres Wirtschaftssystem gekümmert.

---

[88] Vgl.http://www.quetzal-leipzig.de/lateinamerika/brasilien/von-der-kolonie-zur-republik-19093.html#sthash.qAM8sC2t.dpuf (Stand:01.01.2015)
[89] Vgl. http://www.globaldefence.net/kulturen-im-konflikt/westliche-staaten/135-lateinamerika-brasilien-brazil.html?showall=&start=2 (Stand:01.01.2015)
[90] Zitate aus: http://www.globaldefence.net/kulturen-im-konflikt/westliche-staaten/135-lateinamerika-brasilien-brazil.html?showall=&start=2 (Stand:01.01.2015)

Durch die hohe Bevölkerungsdichte herrscht viel Armut in den Unterschichten, wobei aus diesem Grund Kriminalität ein weit verbreitetes Mittel ist. Heutzutage entwickelt sich Brasilien immer weiter „links" und trennt sich dadurch immer mehr von den konservativen Ansichten der USA. Obwohl Brasilien seit immer noch über 85 Mio. $ finanzielle Hilfe empfängt, wirkt der Staat überwiegend mit Japan und Deutschland in technischen Zusammenarbeiten mit und unterstützt diese. Sie entwickeln mit anderen Staaten verschiedene Programme um zum Beispiel den regelmäßigen Schulbesuch zu fördern. Durch die ständigen Rohstoffanfragen wird das Wirtschaftswachstums Brasilien angetrieben und führt zu einem Anstieg in der Mittelschicht. Oftmals werden verschiedene Luxusgüter in Südamerika auf Kredit gekauft, um für eine mögliche Finanzkrise gewappnet zu sein. Aus diesen Gründen war Brasilien einer der Staaten, welche 2011 gut durch die Wirtschaftskrise gekommen ist. [91]

3.2 Kultur

Wenn man an Brasilien denkt kommen einem oft Wörter wie „Regenwald", „der Amazonas" oder „Karneval in Rio" in den Sinn. Doch Brasilien hat noch viel mehr kulturelle Aspekte zu bieten, welche ich im folgenden Text erläutern möchte.

Die Kultur in Brasilien reicht bis in das Jahr 11.700 v. Chr. zurück. Seinen ausgewöhnlichen Namen verdankt das Land seinem Brasilholz (Caesalpinia echinata) welches zu einem höchst seltenen Edelholz gehört. Bis zum Jahre 1530 war der Tauschhandel sehr beliebt unter dem portugiesischen Volk. [92] Die Architektur ist ein wichtiger Bestandteil der Kultur Brasiliens. Es herrscht eine große Vielfalt an Indianerhütten am Amazonasbecken bis hin Barockbauten. Viele Highlights in der Architektur Brasiliens liegen in der Hauptstadt Brasilia, welche in den 60ern errichtet wurde. Als großen Höhepunkt zählt zunächst die 40 Meter hohe Christus Statue, welche 1922 auf dem Berg Corcovado in Rio de Janeiro erbaut wurde. [93] Die Statue zählt seit 2006 zu dem Wahrzeichen und wurde 1931 eingeweiht. Sie breitet ihre Arme über 28 Meter aus und gehört zu den „Neuen 7 Weltwundern". Da es heutzutage eine bekannte Sehenswürdigkeit ist, kommen über eine Millionen Besucher jährlich die Statue besuchen. Allgemein ist zu sagen, dass die Kultur und Kunst über die Jahre hinweg sehr religiös geprägt wurde. Viele Kirchen, welche zu den bedeutendsten Amerikas gehören, liegen in Brasilien und wurden verschieden künstlerisch gestaltet. [94] Der

[91] Vgl. http://www.globaldefence.net/kulturen-im-konflikt/westliche-staaten/135-lateinamerika-brasilien-brazil.html?showall=&start=2 (Stand:01.01.2015)
[92] Vgl. http://www.brasilien.info/kultur/ (Stand:07.11.2014)
[93] Vgl. http://www.brasilien.info/kultur/ (Stand:07.11.2014)
[94] Vgl. http://www.urlaubsziele.com/sehenswuerdigkeiten/538/ (Stand:07.11.2014)

wasserreichste Fluss auf der Welt, der Amazonas, ist ein weltweit bekannter Fluss den viele in Verbindung mit Brasilien bringen. Mit einer Länge von 6.400 Kilometern mündet er im Pazifik und bietet ein nährstoffreiches Gebiet für viele Tier- und Pflanzenarten. Damals und heute wird er als Transportweg genutzt, da viele Städte nur über den Seeweg zu erreichen sind. Darunter befindet sich zum Beispiel die brasilianische Insel Marajó, welche oftmals von Touristen besucht wird.[95] Ein wichtiger Aspekt in Südamerika ist das Tanzen. Ein musikalischer Gesellschaftstanz ist der Samba, welcher zu den wichtigsten afrobrasilianischen Tänzen gehört. Der Begriff stammt aus dem Kongosprachgebiet, welches einer Tanzaufforderung entspricht und hat eine hohe traditionelle Bedeutung für die Brasilianer. Die Musikrichtung wurde im 19.Jahrhundert oft auf Plantagen und Farmen getanzt und war beliebt in den unteren Schichten. Seit der Abschaffung der Sklaverei 1888 wurde diese Tanzrichtung immer beliebter und wurde zum Ausdruck der Freiheit genommen. Es spiegelt ein Lebensgefühl wieder, welches für viele Brasilianer – insbesondere für dunkelhäutige Menschen – eine hohe Bedeutung hat. Samba ist eine Art „Ausdruck kulturellen Widerstands“ [96] , da er oft in Zeiten der Unterdrückung getanzt wurde und trotz eines eingeführten Verbots, bis heute ein sehr kultureller Bestandteil Brasiliens ist. Außerdem schützt Samba vor der Kriminalität, ein weit verbreitetes Problem in Brasilien. Gerade die ärmere Bevölkerung animiert sich zum Tanzen und bekommt ein Gefühl von Zusammenhalt. Da Samba nicht in der Schule erlernbar ist, organisiert der Staat zahlreiche Sambaschulen, welche den Karneval Rios planen. Dort kommen viele Kleidungsstile und bunte Farben zur Geltung. Samba wird im 2/4 Takt gespielt mit einer Betonung auf dem zweiten Beat. Unterlegt wird diese Musikrichtung mit Gesang und vielen Variationen an Instrumenten.[97] Allgemein setzt sich die Kultur hauptsächlich aus Musik, Tanz und Gesang zusammen, welche historisch bedingt sind. Durch die ursprünglichen Bewohner - den Indianern - den zahlreichen Einwanderern aus Teilen Europas und durch die Sklaven, die ab 1500 in das Land miteingebracht wurden, ist die Kultur stark an verschiedenste Tanz und Musikarten gebunden, die das Gefühl von Freiheit vermitteln. Ein immer noch bekannter kultureller Aspekt ist die Körpermalerei. Seit den Indianern wird dieser Brauch anlässlich zu Festen sehr oft betrieben.[98] Heutzutage gehören zu den Malereien am ganzen Körpern Federn und Kopfschmuck mit einer Vielfalt von Farben dazu. Eine bestehende Tradition ist der Karneval in Rio de Janeiro. Dieser kommt von „Carne Vale“ was so viel bedeutet wie „Abschied vom Fleisch“. Dieser geht über 5 Tagen von Freitag bis Dienstag, welcher der Tag vor der Fastenzeit ist. Die Fastenzeit geht über 40 Tage und beinhaltet das Verbot vom

---

[95] Vgl. http://www.urlaubshighlights.de/top-10-brasilien/ (Stand: 10.11.2014)
[96] Zitat: http://www.escola-popular.de/deutsch/samba/ueber-samba.html (Stand: 10.11.2014)
[97] Vgl. http://www.escola-popular.de/deutsch/samba/ueber-samba.html /Stand: 08.11.2014)
[98] Vgl. http://www.brasilienbusiness.de/103_0/kultur.html (Stand:10.11.2014)

Alkohol-, Fleischkonsum und anderen Genüssen. Es ist hauptsächlich ein Tag für Christen die den Tag, an dem Jesus auferstanden ist, feiern. Unter anderem gehören bunte Kostüme und über Monate eintrainierte Choreographien dazu. Der erste Karneval fand 1840 in Rio statt und gehört heutzutage zu einer der berühmtesten Veranstaltungen, die Live im Fernsehen übertragen werden. [99] Da Brasilien über knapp 200 Millionen Einwohner besitzt und dementsprechend viele einzigartige Kulturen zusammentreffen, gibt es viele unterschiedliche Traditionen, da eine Unterscheidung zwischen Bevölkerungsschichten nicht mehr möglich ist.[100] Ein weiterer wichtiger kultureller Abschnitt in Brasilien sind die Indianer. Rund 0,2% und damit rund 430.000 Personen gehören dort zu Indianerstämmen an. Sie sprechen über 170 verschiedene Sprachen und ziehen sich seit den letzten Jahren deutlich zurück. Viele Indianer die an der atlantischen Ostküste lebten, wurden umgebracht oder zur Flucht gezwungen. Aus diesem Grund flüchteten viele in Gebiete des Hinterlandes um ungestört leben zu können. Schon seit der Eroberung in der Kolonialzeit kommt es zu einer kompletten Isolation. Sie halten sich von neuen Entwicklungen fern und leben – wie in damaligen Zeit – von dem Fischfang und von der Jagd und gehören zu den Sammlern. Da sie in sehr isolierten Gebieten wohnen, haben sie kaum Menschenkontakt. Falls es doch Fremde ins Gebiet schaffen, verteidigen sie sich sehr stark mit Waffen oder ziehen weiter. Da diese Gruppen sehr viele neugierige Touristen anziehen, passen Organisationen und Beamte auf, und versuchen jeglichen starken Kontakt zu vermeiden. Das Gebiet wird geschützt vor äußeren Einflüssen und es wird Touristen strengstens untersagt ohne eine Besuchserlaubnis in das Gebiet der Indianer einzudringen.[101] Auch die Religionen sind in Brasilien breit gefächert. Durch die Mischung verschiedener Kulturen – unter anderem der Indianervölker und verschiedenen afrikanischen Volksstämmen – kommt es zu vielen religiösen Traditionen die unterschiedlich stark von kulturellen Strömungen beeinflusst wurden. Bei den Indianerstämmen basiert das Glaubenssystem, welches stark von den Christen unterdrückt wird, sehr auf die Natur und auf Alltagssituationen. Die Anzahl an Katholiken nahm im Zeitraum von 1970-2000 sehr stark zu und stieg von 85 Millionen auf 125 Millionen Menschen an. Währenddessen die Evangelikalen (Protestanten) von 5 Millionen auf 26 Millionen anstiegen. [102]Wie man erkennen kann hat Brasilien durchaus mehr zu bieten, als wir Deutschen denken. Dies wird unser empirischer Teil noch weiterhin verdeutlichen.

---

[99] Vgl. http://www.riocarnaval.org/de/karneval-in-rio/geschichte.html (Stand:15.11.2014)
[100] Vgl. http://www.checkfelix.com/reisemagazin/kultur-und-tradition-brasilien/ (Stand:15.11.2014)
[101] Vgl. http://www.brasilienportal.ch/kultur/ureinwohner-in-brasilien/ (Stand:01.12.2014)
[102] Vgl. http://herbertdouteil.de/bras_religion.html (Stand:01.12.2014)

3.3 Empirischer Teil – Interview mit Anja Schmidt

In dem nächsten Teil der Arbeit werde ich das Interview mit Anja Schmidt beschreiben und auswerten. Dazu werde ich zunächst erklären, wie wir darauf kamen sie als Interviewpartnerin für Brasilien auszuwählen.[103]
Anja Schmidt ist 28 Jahre und studiert in Berlin. Sie lebte mit einigen Unterbrechungen insgesamt 1 ½ Jahre in Brasilien. Ich habe ihr verschiedene Fragen zu ihrem Aufenthalt in Brasilien gestellt. Im Folgenden werde ich die Fragen nennen und ihre Antworten zusammenfassen.[104]
Zuerst sollte sie Brasilien in drei Worten beschreiben, woraufhin sie antwortete „Fröhliche Menschen, Sonnenschein und Samba". Dann habe ich sie gefragt wie sie auf die Idee kam nach Brasilien zu gehen. Sie entgegnete, dass sie eigentlich nie auf die Idee kam, weil sie sich mit dem Land noch nicht beschäftigt hatte. Sie hat drei Monate in Frankreich verbracht, um Französisch zu lernen und dort hat sie einen Mann kennen gelernt, der aus Sao Paulo kam. Dann ist sie wegen ihm nach Brasilien gegangen. Im Folgenden habe ich gefragt, wie lange Anja in Brasilien gelebt hat und sie antwortete: „Insgesamt, mit ein paar Unterbrechungen, weil ich manchmal nach Hause gefahren bin um meine Familie zu sehen oder weil mein Visum abgelaufen war, waren es 1 ½ Jahre ungefähr". Ich habe daraufhin gefragt, ob sie auch in Brasilien gearbeitet hat, oder ob sie die Zeit nur mit ihrem Freund verbracht hat. Da ihr Freund arbeiten gegangen ist, hat sie eine Zeit lang nur die Sprache gelernt während er gearbeitet hat. Dann hat sie sich das Land angeguckt und ist viel umhergereist. Später hat Anja als Englisch-Lehrerin an der Sprachschule gearbeitet, vier Mal die Woche. Daraufhin, dass sie viel von dem Land gesehen hat, habe ich sie gefragt wie sie das Land und die Leute dort empfunden hat. Die Leute seien sehr lieb und aufgeschlossen, sagte sie. Außerdem sind sie „ziemlich interessiert an Deutschland und an seiner Geschichte". Des Weiteren hat sie viele nette Menschen kennen gelernt, aber die Brasilianer seien auch sehr oberflächlich, antwortete Anja. Da man in den Medien sehr oft hört, dass die Favelas sehr gefährlich sein sollen, aber andererseits auch ein Wahrzeichen von Brasilien sind, habe ich sie gefragt, ob sie auch in den Favelas war und ob es dort wirklich so schlimm ist, wie die Medien sagen. Sie erklärte mir dann, dass Favelas kleine Orte in großen Städten sind, wo viele arme Menschen leben, die kein Geld haben um in der Innenstadt zu wohnen. „Im Zentrum der Stadt befindet sich die Arbeit, die Menschen die in den Favelas leben, sind dann meistens Putzmänner-und Frauen. Sie und ihr Freund haben bei einer Putzfrau in den Favelas immer ihre Wäsche gewaschen, sagte sie. „Wir haben immer darauf geachtet, dass

[103] eigene Erklärung
[104] eigene Erklärung

wir keinen teuren Schmuck umhaben, oder ganz viel Geld bei uns tragen, oder dass unsere Laptops im Auto liegen. Es gab also gar keinen Grund uns zu beklauen". Allerdings hat sie die Frau, bei der sie ihre Wäsche gewaschen haben, immer am Eingang abgeholt und wieder zurück gebracht. Es wäre einfach zu gefährlich sich alleine Eintritt in ihr „Gebiet" zu verschaffen, aber da sie immer bei der Frau waren, wussten auch die anderen Bewohner, dass Anja und ihr Freund keine „Bedrohung" sind. Einmal pro Woche haben sie dort ihre Wäsche gewaschen. Zusammen fassend sagt sie, dass es dort schon gefährlich ist, aber man muss in den Favelas nicht seinen Wohlstand zeigen. Man sollte immer aufpassen und dann passiert auch nichts. Dann habe ich gefragt, ob es gravierende Unterschiede zwischen den Orten gab, aufgrund der Grenze arm und reich. Sie entgegnete, dass es Unterschiede gibt, z.B. ist Sao Paulo das Wirtschaftszentrum, indem 94% des Reichtums des Landes „liegen". In dieser Stadt findet man einen großen Reichtum, während im Norden des Landes eher ärmere Menschen leben. „In Richtung Süden kommt es zu einem immer größer werdenden Wohlstand und was noch erstaunlich ist, ist das im Süden auch viele Deutsche leben". Das Geld ist demnach sehr ungerecht aufgeteilt und man erkennt viele Gegensätze in dem Land, sagte Anja. Nach allen positiven und negativen Fakten, habe ich sie gefragt, ob sie wieder nach Brasilien gehen würde und wenn ja, dann warum und wenn nicht, dann warum nicht. Sie steht dem Ganzen mit zwei Meinungen gegenüber. Auf der einen Seite würde sie gerne nochmal nach Brasilien, weil die Menschen dort sehr warmherzig sind. Allerdings würde sie dann eher in den Norden ziehen, weil ihr Sao Paulo zu groß ist. Auf der anderen Seite denkt sie, dass sie dort nicht so viel Geld verdienen kann und dass es auch kommunikative Schwierigkeiten gibt, weswegen sie eher abgeneigt ist dort nochmal hinzugehen.[105]

Vor dem Interview mit Anja haben wir uns vorgestellt wie es sich in Brasilien lebt und wie das Land sein könnte. Mit den Worten „Fröhliche Menschen, Sonnenschein und Samba" hätten wir bei dem Interview nicht gerechnet. Wir dachten, dass mindestens ein negatives Wort, wie z.B. Armut dabei ist. Auf der anderen Seite waren wir begeistert wie schön ein Land sein kann, obwohl man so schlechte Vorurteile darüber hat. Weiterhin hätten wir nicht gedacht, dass die Brasilianer sich für die Geschichte von Deutschland interessieren, da auch Brasilien im zweiten Weltkrieg gegen Deutschland gekämpft hat. Bei der nächsten Frage, wie sie das Land und die Leute empfunden hat, wurden unsere Erwartungen bestätigt. Es hat uns sehr verwundert, dass Anja schon in den Favelas war, weil wir dachten, dass es dort für Touristen zu gefährlich ist. Ihre Argumentation hat uns gezeigt, dass Vorurteile an den meisten Stellen einfach Vorurteile bleiben sollten und man sich immer ein eigenes Bild von der Situation machen sollte. Weiterhin hätten wir nicht erwartet, dass man in dem Land zwischen dem

[105] Interviewangaben

Norden und dem Süden solche Unterschiede spürt. Das in Sao Paulo 94% des Reichtums liegen ist in unseren Augen ziemlich viel und das hätten wir so nicht gedacht. Uns war klar, dass Sao Paulo eine große Stadt ist und dort viele Menschen arbeiten, aber dass in einer Stadt so viel Geld gemacht wird und das dort so viel Reichtum zu finden ist, hätten wir nicht erwartet. Wir wussten, dass die Menschen in den Favelas arm sind und dass es zwischen ihnen und den Arbeitern in der Stadt Unterschiede gibt aber, dass das Land solche gravierenden Unterschiede zwischen den Regionen aufweist, war uns nicht bewusst.[106]
Zusammenfassend kann man sagen, dass Brasilien wirtschaftlich gesehen nicht so arm ist wie wir zuvor dachten. Es gibt in diesem Land viel Reichtum, nur gibt es diesen „Standard" nicht überall, weil es auch sehr viele arme Menschen in dem Land gibt. Kulturell ist es so, wie wir es uns vorgestellt haben. Es gibt sozusagen zwei Teile, einmal die normale Stadt und die Favelas in einer Stadt. Diese hätten wir uns durch unsere Vorurteile gefährlicher vorgestellt. Wie oben schon genannt, sollte man die Vorurteile die man hat, bzw. die einem gegeben werden, manchmal nochmal überdenken und sich immer ein eigenes Bild von der Situation machen. Brasilien ist in mancher Hinsicht also doch komplett anders, wie wir es uns vorgestellt haben.[107]

[106] eigene Erklärung
[107] eigene Erklärung

4. Vergleich zwischen der USA und Brasilien

Nachdem wir grundlegende Informationen über die USA und Brasilien erklärt und genannt haben, möchten wir im Folgenden die beiden Länder miteinander vergleichen, ohne eine Wertung vorzunehmen. So geben wir dem Leser die Möglichkeit, sich selbst eine Meinung zu bilden und sich selbst ein Bild von beiden Ländern zu machen. Unsere Meinung und die von Außenstehenden (Empirischer Teil), welcher die Umfrageergebnisse betrifft, werden im Verlauf unserer Seminarkursarbeit deutlich gemacht.

Zunächst einmal gehört Brasilien nicht nur zum fünftgrößten Land der Welt sondern ist es auch das fünft bevölkerungsstärkste Land der Welt. Allerdings liegt die USA noch weiter vorne. Sie ist das dritt bevölkerungsreichste Land der Welt (Abb.17[108]). Wie wir in den Wirtschaftskapiteln gesehen haben, ergaben sich hier deutliche Unterschiede. Die USA ist die Weltwirtschaftsmacht heutzutage durch zahlreiche Marken, Produktionsfirmen und durch das Vermögen. Unter anderem auch durch die höheren Einwohnerzahlen ist die USA das wirtschaftsstärkste Land der Erde. Wobei hingegen Brasilien nur auf dem siebten Platz liegt. Ein Hauptgrund hierfür war die hohe Arbeitslosigkeit, die sich zwar im Laufe der Jahre durch zahlreiche Politikerwechsel vermindert hat, aber immer noch sehr hoch ist. [109]
Bei uns haben viele Bundesländer in Deutschland andere Bräuche, Feiertage oder Feste – somit gibt es erst Recht zwischen Brasilien und den USA gravierende Unterschiede in der Kultur. Zwar haben die Indianer in beiden Staaten damals (heute noch teilweise) die Gebiete besetzt, allerdings gibt es kulturelle Verschiedenheiten. Während Brasilien vom Samba und anderen Tänzen mit bunten Farben geprägt ist, ist die USA eher politisch und wirtschaftlich bestrebt. Sie versuchen seit Jahren sich weiter aufzubauen und sind in vielen Aspekte, unter anderem bei Denkweisen über Homosexuelle, deutlich toleranter als Brasilien. Dies kommt daher, wie wir in den Umfrageergebnissen erfahren haben, durch das erhöhte Medienaufkommen. Dadurch das in den USA viele Firmen ihren Hauptsitz haben und viele Filmproduktionen dort stattfinden, wird die Gesellschaft meist eher positiv beeinflusst, wie wir an der Auswertung erkennen konnten. Allgemein konnten wir als Nebeneffekt feststellen, dass viele Menschen sich sehr stark durch die Medien beeinflussen lassen und damit sich kein eigenes Urteil bilden können. [110]
Beim direkten Ländervergleich ist uns die Größe aufgefunden. Die USA ist deutlich größer als Brasilien und hat damit mehr insgesamt Einwohner. Die Landessprache in den Vereinigten Staaten Amerikas ist Englisch, währenddessen sie in Brasilien, als einziges Land

[109] Vgl. http://www.crp-infotec.de/03welt/vergleichglobal/staaten.html (Stand:04.01.2015)
[110] eigene Quelle/Fazit

in Südamerika, portugiesisch ist. Die Lebenserwartung in den USA ist sechs Jahre höher als in Brasilien, denn die Bewohner werden dort durchschnittlich 79 Jahre alt. Bezüglich der Politik pflegen sie die gleiche Staatsform: Präsidiale Bundesrepublik. Allerdings liegt der große Unterschied beim Jahr der Unabhängigkeit. Währenddessen die USA seit 1776 unabhängig ist, dauerte es bei Brasilien bis zum diesem Schritt noch weitere 46 Jahre. Bezüglich der Lebenssituation ist diese hier sehr unterschiedlich. In den USA ist der Energieverbrauch,-produktion,-export und –import deutlich höher als in Brasilien und auch der CO2-Austoß liegt bei zehnfach so viel. Dies kommt durch die gute Infrastruktur und die besseren technischen Möglichkeiten in den USA. Man kann erkennen, dass die USA in vielen Sachen moderner ist und Brasilien mit vielen Entdeckungen später nachziehen wird. Beim Klima hat Brasilien um die acht Grad mehr Durchschnittstemperatur, da es näher am Äquator liegt. Die USA ist internationaler, da dort vermehrt noch andere Sprachen neben Englisch, wie Französisch, Spanisch und teilweise Deutsch gesprochen wird. In Brasilien wird zu 97,5% Portugiesisch gesprochen. Dies führt auf eine geringe Anzahl Immigranten hin und auf weniger Touristen. Außerdem erkennt man, dass Brasilien nicht so modern wie die USA aufgebaut ist, da die Bewohner noch sehr an ihre Mutter- bzw. Landessprache gebunden sind. Bei den Religionen zeigen die beiden großen Staaten keine schwerwiegenden Unterschiede auf, da die meisten Einwohner dem Christentum angehören oder Konfessionslos sind.[111]

[111] Vgl. http://www.laenderdaten.info/laendervergleich.php?country1=BRA&country2=USA (Stand:04.01.2015)

5. Fazit

Um unsere Arbeit in den wichtigsten Punkten zusammen zufassen haben wir im Folgen die Interviews miteinander verglichen. Um unsere Problemstellung zu beantworten, haben wir unseren Empirischen Teil – die Umfrageergebnisse ausgewertet.

5.1 Vergleich der Interviews

Im Folgenden möchten wir die Interview von Michelle Sallmann und Anja Schmidt vergleichen, in denen es um die USA und Brasilien ging.

Bei unserer ersten Frage, wie die beiden Interviewpartner die Länder beschreiben würden, treten bereits Unterschiede auf. Bei den USA geht Michelle Sallmann eher auf das Land allgemein ein, indem die es als weiträumig beschreibt und dazu sagt, dass dies sehr interessant ist. Auch sagt sie, dass das Land sehr bunt ist. Im Gegensatz dazu stellt Anja Schmidt eher die Menschen und die Atmosphäre in dem Land dar, was sie durch die Substantive "Sonnenschein, fröhliche Menschen und Samba"[112] verdeutlicht. Dies lässt uns darauf schließen, dass die USA äußerlich so ansprechend ist, dass man die "schlechten" Seiten, die die USA hat, unbeachtet lässt beziehungsweise, dass erst bei genaueren Nachfragen (weitere Interviewfragen, wie "Gab es gravierende Unterschiede zwischen Arm und Reich?") die Probleme, die dieses Land aufweist, wieder in das Bewusstsein treten. Brasilien hingegen spricht Außenstehende nicht durch das Land allgemein an, sondern durch die Menschen, die dort leben und den Lebensstil in Brasilien verdeutlichen und auch ausleben. Weiterhin gibt es bei den Interviewpartnern auch verschiedene Gründe die beiden Länder zu besuchen. Michelle Sallmann stellt Gründe, wie die Sprache oder das Land dar. Hingegen erläuterte Anja Schmidt, dass das Kennenlernen eines Mannes und Liebe die Anlässe dafür waren nach Brasilien zu gehen. Dies bedeutet für uns, dass Michelle Sallmann eher aus eigener Initiative in die USA gegangen ist und Anja Schmidt nicht, wobei sich für uns die Frage stellt, ob sie ohne das Kennenlernen eines Mannes jemals nach Brasilien gegangen wäre. Dem jedoch würden wir widersprechen. Als nächstes haben wir die Frage gestellt, was die Beiden in den Ländern gemacht haben, wie zum Beispiel Arbeiten. Michelle Sallmann beantwortete diese Frage damit, dass sie als Au Pair gearbeitet hat und somit sehr viel bei ihren Gastfamilien zu Hause war. Anja Schmidt erwidert, dass sie ohne es vorher direkt zu wollen (wie Michelle Sallmann) die Sprache erlernt hat. Außerdem ist sie viel durch Brasilien gereist und hat eine Zeit lang als Englischlehrerin gearbeitet hat. Hier können wir erkennen, dass sich Gründe in ein Land zu gehen, wie zum Bespiel Michelle Sallmann, um

[112] Anja Schmidt

die Sprache kennenzulernen auch innerhalb eines Besuches entwickeln können, was wir an Anja Schmidt sehen, die als sie in Brasilien war auch Interesse für die Sprache zeigt und diese erlernt auch, wenn es nicht ihr Grund war nach Brasilien zu gehen. Gemeinsam haben die beiden, dass sie beide etwas über das Land erfahren haben und, dass sie beide, wenn auch unterschiedlich, gearbeitet haben. Als nächstes haben wir erfahren, wie die beiden Interviewpartner die USA und Brasilien allgemein empfunden haben. Michelle Sallmann spricht davon, dass sie eine große Diversität in den USA kennengelernt hat. Anja Schmidt hingegen erklärt Anja Schmidt uns von ihren Erfahrungen mit den Menschen, welche sie als sehr aufgeschlossen und lieb, aber auch oberflächlich empfand. Weiterhin berichtet sie, dass die Menschen in Brasilien sehr interessiert an Deutschland sind. An dieser Stelle ist uns aufgefallen, dass diese Frage sehr schwer zu vergleichen ist, da die Empfindungen von jedem Menschen anders sind und die Beiden auf unterschiedliche Dinge eingegangen sind. Aufgrund dieser Begebenheiten haben wir Michelle Sallmann noch einmal gefragt, wie sie die Menschen in den USA einschätzen würde. Auch hier erwähnt sie nochmal, dass es sehr unterschiedliche Menschen gab, so wie sie auch die Staaten der USA beschrieben hat. Sie erklärt uns, dass sie spießige Menschen, aber auch sehr warmherzige und aufgeschlossene Menschen kennengelernt hat. Vergleichend zu Anja Schmidt ist dazu zu sagen, dass in diesem Punkt deutlich Gemeinsamkeiten zu erkennen sind. Außerdem haben wir uns zu dem Punkt, in dem Anja Schmidt anspricht, dass die Menschen in Brasilien ein großes Interesse an Deutschland haben, Gedanken gemacht.[113] Wir würden dies damit erklären, dass Brasilien der wichtigste Handelspartner von Deutschland ist und diese auch wirtschaftlich miteinander kooperieren[114] und, dass somit das Interesse der Brasilianer an Deutschland entstehen könnte. Im Folgenden haben wir zwei spezifische Fragen zu den USA und Brasilien gestellt. Auf der einen Seite haben wir gefragt, ob die Vereinigten Staaten von Amerika immer noch das "Land der unbegrenzten Möglichkeiten" sind und auf der anderen Seite, ob die Favelas in Wirklichkeit so sind, wie sie zum Beispiel in den Medien dargestellt werden (Antworten in den entsprechenden Interviews). Sehr wichtig war es uns noch zu erfahren, ob es gravierende Unterschiede zwischen Arm und Reich gab in den beiden Ländern. Diese Frage bekräftigten unsere beiden Partner, auch wenn zum Beispiel Michelle Sallmann die ärmeren Gegenden nicht so kennengelernt hat. Bevor wir uns die Fragen für das Interview überlegten, haben wir auch angenommen, dass es gravierende Unterschiede gibt, welche sich hiermit auch bestätigten, auch, wenn wir dachten, dass in Brasilien mehr ärmere Gebiete vorhanden sind, als reiche. Zum Schluss haben wir gefragt, ob Michelle Sallmann und Anja Schmidt noch einmal die Länder besuchen würden, wobei

---

[113] eigene Quellen
[114]Vgl.:http://www.brasil.diplo.de/Vertretung/brasilien/de/08__Wirtschaft/Bilateral__Wirtschaft/Wirtschaftskooperation__Seite.html

beide Interviewpartner ihren Besuch in dem Land abwägen und letztendlich zu dem Entschluss kommen, dass sie, wenn es möglich wäre nochmals das Land besuchen würden, aber aus anderen Gründen zum Beispiel wie ein Reiseziel. Trotzdem erklären auch beide, dass sie lieber eine andere Gegend besuchen würden, als in der, in der sie schon einmal waren. Dies hat verschiedenen Aspekte zu Grunde liegen, wie beispielsweise, dass sie einmal eine ganz andere Seite des Landes sehen wollen oder ihnen die Orte nicht gefallen haben, was wie bei Anja Schmidt an der Größe von Sao Paulo lag. [115]

Zusammenfassend ist zu sagen, dass es viele Unterschiede und nur wenig Gemeinsamkeiten zwischen den beiden Interviews gab, was uns darauf schließen lässt, dass trotz dessen sie auf dem gleichen Kontinent liegen, viele Gegebenheiten anders sind und auch die Wirtschaft und vor allem die Kultur einen großen Teil dazu beitragen, dass die USA und Brasilien sich so unterschiedlich entwickelt haben (Wirtschaft und Kultur der Länder sind in den entsprechenden Kapiteln nachzulesen). Die Interview haben uns insbesondere noch einmal, einige Punkte, die wir in der Wirtschaft und Kultur genannt haben, bestätigt und uns viele Erkenntnisse für unser Arbeit gebracht. [116]

---

[115] eigene Quellen
[116] eigene Quellen

5.2 Auswertung Empirischer Teil - Umfrage

Um zu analysieren wie andere Menschen den Vergleich von Nord- und Südamerika sehen und welche Vorurteile genannt werden, haben wir eine Umfrage auf https://www.umfrageonline.com erstellt. Diese Umfrage enthielt 11 kurze Fragen die innerhalb von 15 Minuten beantwortet werden konnten. Unter der Fragestellung „ Vergleich von Nord- und Südamerika: Wie haben sich die USA und Brasilien hinsichtlich der Wirtschaft und Kultur unterschiedlich entwickelt?" haben wir verschiedene Aspekte im Fragebogen abgefragt. (siehe Anhang) Die meisten Fragen bezogen sich auf die schon bekannten Unterschiede zwischen den beiden Ländern und zu welchem Land sich die Befragten mehr hingezogen fühlen. An den Fragen orientiert erstellten wir zwei Thesen, wie die Ergebnisse aussehen würden.

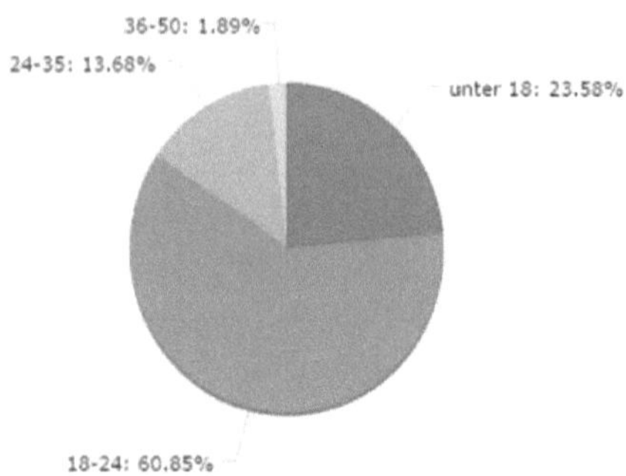

Abb. 18 Umfrageergebnis „Alter"

1. Die Befragten haben einen positiven Eindruck der USA und damit einen negativen von Brasilien.
2. Die USA würde mit Fast Food und Brasilien mit Kriminalität beschrieben werden.

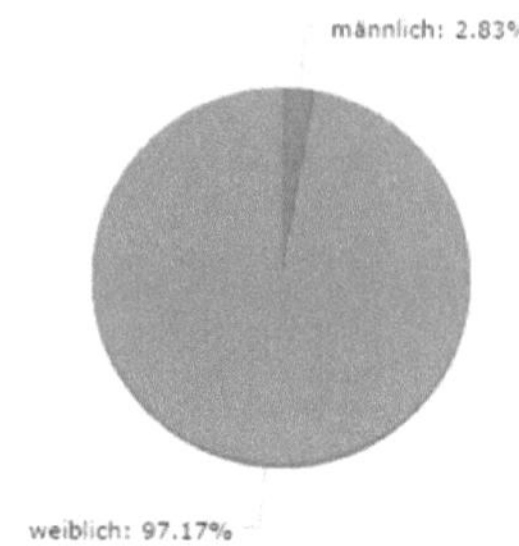

Abb. 19 Umfrageergebnis „Geschlecht"

In der nun ausstehenden Auswertung wollen wir die Umfrage auf diese Aspekte überprüfen und anschließend die Ergebnisse mit unseren anfänglichen Thesen vergleichen. Insgesamt nahmen 212 Teilnehmer – überwiegend weibliche Personen – an der Umfrage teil. Nur 2,8% männliche (6%) und 97,2% weibliche (206 Personen) machten mit (siehe Abb. 21)[117]. Dieser große Unterschied kann daran liegen, dass wir die Umfrage hauptsächlich in sozialen

[117] Abb. 18 + 19: eigene Quellen – selbsterstelltes Kreisdiagramm

Plattformen verbreitet haben, wo überwiegend junge Frauen unterwegs sind. Die Altersgruppen waren breit gefächert. Überwiegend (siehe Abb. 21) nahmen 18-24 jährige (60,8%) an der Umfrage teil, gefolgt von unter 18 jährigen (23,6%). In der Altersgruppe „über 50" nahmen keine Leute teil. Dies beziehen wir darauf, dass viele Menschen in diesem Alter das Internet nicht so oft wie junge Menschen als Medium nutzen. Zunächst wollten wir von den Befragten wissen, wie sie die USA und Brasilien in 3 Worten beschreiben würden. Die Umfrageergebnisse beeindruckten uns sehr, da es zwei unterschiedliche Kategorien zwischen der USA und Brasilien gab. Währenddessen die USA oft als „reicher Staat" bezeichnet wurde, wurde Brasilien oft mit „Kriminalität" und „Armut" in Verbindung gebracht. In der folgenden Tabelle habe ich die 15 häufigsten verwendeten Begriffe nach Reihenfolge zusammengestellt.

Brasilien	**USA**
1.Armut	1. reicher Staat
2.Gegensätze	2. Übergewicht
3.lebensfroh	3. Fast Food
4. Gewalt	4. Waffen
5. Polizei	5. vielseitig, groß
6. Fußball	6. arrogant
7.warm,sonnig, exotisch	7. sehenswert
8. Drogen	8. (Welt-)Macht
9. gefährlich	9. Obama
10. Karneval, traditionell	10. gefährlich
11. Slums	11.patriotische Bürger
12. Entwicklungsland	12. multikulturell
13. überbevölkert	13.materialistisch
14. Samba	14. modern
15. Schwellenland	15. international

Wie man erkennen kann, herrschen starke Unterschiede zwischen den Begriffen, die man mit beiden Ländern verbindet. Während bei Brasilien oft negative Begriffe (Polizei, Drogen) genannt wurden, wurden die USA als großer und reicher Staat angesehen. Wie man an unserer Seminarkursarbeit erkennen konnte, ist Brasilien kein armes und gefährliches Land. Sicherlich gibt es mehrere Gebiete – wie auch in Deutschland – die überbevölkert sind und wo überwiegend die untere Bevölkerungsschicht lebt. Allerdings ist dieses Entwicklungsland durch viele kulturelle und bemerkenswerte Traditionen geprägt, welche aber nicht sehr im

Vordergrund bei dieser Umfrage standen. Als wir nach schon bereits bekannten kulturellen Unterschieden fragten, kam oftmals „die Schwelle zwischen arm und reich" als Antwort. Viele Befragte äußerten oftmals, dass es in Brasilien einen größeren Familienzusammenhalt gäbe als in den Vereinigten Staaten. Dort würde alles nur um Materialismus und Karriere gehen. Die USA wirkt anscheinend auf unsere deutsche Gesellschaft viel moderner und gilt als Land der Möglichkeiten. Dies kommt daher, dass Nordamerika uns durch zahlreiche Fernsehshows und Dokumentationen näher gebracht wird und wir uns mehr mit dem Thema auseinander setzen. Viele negative Vorurteile über Brasilien kommen daher zustande, dass die Bevölkerung überwiegend dunkelhäutig ist und dies in unserer heutigen Gesellschaft oftmals mit Kriminalität und Gewalt zusammen gebracht wird. Etwa 30 Befragte schrieben, dass sie aufgrund der überwiegend dunkelhäutigen Bevölkerung Angst hätten, nach Brasilien zu gehen. Nicht desto trotz wurde die USA auch häufig mit einer hohen Kriminalitätsrate beschrieben, da viele Einwohner in diesem Land eine Waffe besitzen und sie frei nutzen dürfen. Oftmals wird die Größe der beiden Länder verglichen und damit die verbundenen technischen und technologischen Fortschritte. Außerdem wurde auch die Toleranz als wichtiger Punkt genannt. Eine Befragte schrieb, dass der größte Unterschied zwischen den USA und Brasilien die Toleranz sei. Die USA ist tolerant, akzeptiert mitunter Homosexuelle, was in Brasilien weniger der Fall sei. In kulinarischer Hinsicht, was mehrere Befragte bestätigten, hat Brasilien mehr zu bieten, da die USA nur für das Fast Food bekannt ist. Da das Geld zu einen der größten Unterschiede gehört, hat die USA mehr Möglichkeiten und gehört auch zum Produzentenland. In Nordamerika werden viele Filme gedreht, währenddessen dies in Brasilien nicht der Fall ist. In diesem Vergleich wird der Unterschicht hinsichtlich der Wirtschaft und Kultur zwischen Nord- und Südamerika sehr deutlich. In der Umfrage wurden viele kulturelle Unterschiede genannt, obwohl über 90% der Befragten noch nie die beiden Länder besucht haben und nur durch Medien ihre Meinung bilden konnten. Außerdem konnten wir erkennen, dass es viele Vorurteile gab, die viele Menschen mit Brasilien oder den USA verbinden.

Wie man sieht, kommen sehr viele Unterschiede zu standen. In der Umfrage nahmen nur Leute aus Teilen Deutschlands teil. Auf die Frage, ob sie lieber nach Brasilien oder in die USA fliegen würden wollten, nannten 79% aller Befragten wie USA. Dieses Ergebnis fanden wir sehr gravierend, da wir nicht mit so einer hohen Anzahl gerechnet hätten. Zwar wurde bei beiden Ländern eine hohe Kriminalitätsrate genannt, allerdings würden trotz des hohen Waffenbesitzes in der USA, die Befragten lieber nach Nordamerika fliegen. Dies begründeten sie damit, dass die USA mehr Unternehmungsmöglichkeiten zu bieten hätte und es nicht so gefährlich wäre. Wie man sieht, spielt die Rolle der Kriminalität eine sehr große Rolle. Das Bild von „Gefahr in Brasilien" wird der Gesellschaft durch Medien sehr stark vermittelt. Die 21% die nach Brasilien gerne fliegen würden, waren entweder schon in der USA oder finden die kulturellen Unterschiede zwischen Brasilien und Deutschland sehr groß und wollen diese entdecken. In unserer Umfrage verbrachten viele Befragten noch keinen Aufenthalt in der USA oder In Brasilien. Als wir sie daraufhin fragten, wie sie sich einen Aufenthalt vorstellen würden in diesen Ländern kamen sehr viele unterschiedliche Meinungen zustande. Viele Befragte gaben an, dass es in der USA auf die Städte ankommen würde und in welchem Land man sich aufhalten würde. Sie verbanden unter anderem Las Vegas mit einer gigantischen und modernen Stadt, welche ein Aufenthalt wert sein würde. Währenddessen man am Beispiel von Detroit die Folgen von Verarmung und die Abwanderung aus Städten erkennen würde. Abschreckend waren für viele das Verhalten und der Gesundheitszustand der Amerikaner. Viele verbanden die Amerikaner mit einem ungesunden Lebensstil auf Grund der Vorurteile, die wir oben schon genannt haben. Durch die zahlreichen Fast Food Geschäfte und der Anzahl der übergewichtigen Menschen. Da wir schauen wollten ob dies nur eins der meist verbreiteten Vorurteile haben wir in Statistiken nachgeschaut. Nach einer Umfrage von welt.de [118] sei jeder dritte US-Amerikaner übergewichtig nach heutigem Standard. Bis zum Jahr 2050 soll die Anzahl der fettleibigen Menschen in diesem Staat drastisch zunehmen. Von „Übergewicht" redet man, wenn die jeweilige Person einen Body Maß Index hat, welcher zwischen 25 und 30 beträgt. Übertrifft man den Body Maß Index von 30, wird die Person als „stark übergewichtig" beschrieben. Einer der Hauptgründe für dieses verbreitete Übergewicht in den letzten Jahren sind die verbesserten Lebensumstände und die „soziale Ansteckung", wie es Wissenschaftler nennen. Es ist wissenschaftlich bewiesen, dass wenn ein Normalgewichtiger Mensch mit mehr als 5 fettleibigen Menschen regelmäßig Kontakt hat, er schneller zu Übergewicht neigt, wie jemand, welcher nur wenig Kontakt zu adipösen Menschen pflegt.[119] Um zu sehen, ob die Einwohner der USA wirklich vermehrt zu Übergewicht neigen als in anderen Ländern oder ob es nur ein verbreitetes Vorurteil ist, schauten wir auf Daten aus dem National Health and Nutrition Examination Survey (NHANES), welche stichprobenartig 2010 durchgeführt wurden. Während Deutschland auf 58% bei der Häufigkeit von adipösen Menschen kommt, betrug die Prozentzahl bei der USA ganze 14,5% mehr als in Deutschland und kamen somit auf 72,3%. Dies zeigt uns, dass es keine reinen Vorurteile gegenüber der USA sind, sondern dass die Amerikaner von einer ungesunden Lebensweise geprägt werden. [120] Dieser Fakt hatte erhebliche Auswirkungen auf die Antworten der Befragten. Sodass viele nur aufgrund

---

[118] Vgl. http://www.welt.de/gesundheit/article10735003/Zahl-der-Fettleibigen-waechst-gigantisch.html (Stand:24.12.2014)

[119] Vgl. http://www.welt.de/gesundheit/article10735003/Zahl-der-Fettleibigen-waechst-gigantisch.html (Stand: 24.12.2014)

[120] Vgl. http://gesundheit-zahlen-daten-fakten.blogspot.de/2012/03/haufigkeit-von-ubergewicht-ein.html# (Stand:24.12.2014)

der verschiedenen Lebensweisen nicht in die USA einreisen würden. Unter anderem wurden viele positive Aspekte genannt, welche für einen Aufenthalt in die USA sprechen würden. Viele Nutzer gaben an, dass sie sich einen Aufenthalt in den USA sehr abwechslungsreich vorstellen würden, durch die unzähligen Attraktionen und Sehenswürdigkeiten, die wir bereits am Anfang unserer Seminarkursarbeit erwähnt haben (siehe 2.2). Das kennenlernen von neuen und interessanten Leuten wurde in Bezug auf die Vereinigten Staaten sehr oft genannt. Aufgrund der großen Städte, wie New York, stellen sich viele Befragten einen Aufenthalt dort sehr interessant vor, obwohl sich gewisse klischeehafte Vorstellungen bewahrheiten würden. Da man als TouristIn hauptsächlich die schönen Seiten des Landes zu sehen bekommen würde, stellen sich einige Personen die USA sehr vielseitig vor, aber allerdings bemerken sie auch die hohe Kriminalitätsrate. Uns ist aufgefallen, dass gerade die Architektur in den USA von vielen als „spannend" und „sehenswert" bezeichnet wird. Währenddessen in Brasilien eher von Landschaften geprägt wird. Viele Befragte gaben an, dass sie sehr durch die Medien heutzutage beeinflusst werden. Obwohl sie noch keins der beiden Länder besucht haben, bilden sie sich eine eigene Meinung über das Land, die jeweils positiv oder negativ ausfallen kann – wie wir gesehen haben. Dadurch dass die USA technisch sehr weit fortgeschritten ist – im Gegensatz zu Brasilien – stehen sie an der Front der technischen Entwicklung, womit sie Brasilien einige Schritte voraus sind. Aus diesem Grund stellen sich viele einen Trip in die USA sehr spannend vor, da Firmen wie Apple, Microsoft und Google dort ihren Sitz haben. In Brasilien stellen sich die Befragten den Aufenthalt sehr lehrreich vor voller Gegensätze. Viele nennen die Kriminalität, die das Leben der Einwohner bestimmt und die allgegenwärtige Armut, die den Aufenthalt in Südamerika trüben könnte. Allerdings schreckt dieser Fakt viele nicht ab, sich ein Bild von den unterschiedlichen Gebieten und Lebenssituationen der Menschen zu machen. Als wir nachgeschaut haben, ob die Kriminalitätsrate ein Vorurteil ist stießen wir auf ein überraschendes Ergebnis. Nach spiegel.de seien mehr als 550.000 Brasilianer in den vergangen 10 Jahren ermordet worden. Statistisch gesehen wären dies alle zehn Minuten ein Mensch. In der aktuellsten Statistik von 2012, gab es 56.337 Morde. Zum Vergleich: in Deutschland wurden im selben Jahr nur 281 Morde registriert. Die derzeitige Mordrate ist in Brasilien dreißig Mal höher als die in Deutschland und beträgt somit in Brasilien pro 100.000 Einwohnern bei 28,5%. Diese Zahl ist sehr hoch und liegt unter anderem an der Aufklärungsqoute, welche bei nur 8% liegt. Währenddessen diese Deutschland bei mehr als 96 % liegt.[121] Diese Daten zeigen uns, dass die Befragten mit ihrer Angst vor erhöhter Kriminalität Recht haben und sie dies als Grund ansehen, sich nur in großen Städten

[121] Vgl. http://www.spiegel.de/panorama/justiz/kriminalitaet-in-brasilien-selbstjustiz-greift-um-sich-a-979553.html (Stand:24.12.2014)
USA.jpg (Stand:24.12.2014)

aufzuhalten. Allerdings erwähnten viele Menschen, dass sie sich einen Besuch in Brasilien sehr schön vorstellen würden wegen der vielseitigen Vegetation, der Kultur und nicht zuletzt wegen den Landschaften, wie zum Beispiel den Bergen oder dem Regenwald (siehe 3.2).Obwohl eine erhöhte Kriminalitätsrate auch in den USA festgestellt wurde, sehen die Befragten dies nicht als schwerwiegend an. Dies kann daran liegen, dass nach einer Kriminalstatistik von welt.de in den Metropolen der USA die Kriminalitätsrate deutlich gesunken ist bis 2014. Zum Beispiel ist in New York ein Rückgang von über 20 Prozent verstellbar mit 333 Morden im Jahr 2013 gegenüber den 419 Morden im vorherigen Jahr. Auch in Los Angeles oder Chicago, der drittgrößten Stadt der USA mit 2,7 Millionen Einwohner zeigt eine deutliche Besserung der Kriminalitätsrate mit einem Rückgang um 18 Prozent seit dem Tiefstand von 1965. Damit lässt sich in den USA, (siehe Abb.22 [122])im Gegensatz zu Brasilien, in diesem Bereich ein größerer Fortschritt erkennen. [123]

Zusammenfassend können wir sagen, dass unsere Thesen teilweise bestätigt wurden. In der Umfrage kam vermehrt ein positiver Eindruck von den USA rüber. Allerdings wurden – bezogen auf Brasilien - nicht nur negative Aspekte genannt. Die Menschen wurden als lebensfroh bezeichnet und dass es in Südamerika ein besseres Lebensgefühl gebe. Damit schließen wir, dass die USA zwar zu einer Weltwirtschaftsmacht gehören und Macht verkörpern, allerdings vermittelt Brasilien den Befragten eine sehr aufgeschlossene Gesellschaft. Die zweite von uns aufgestellte These wurde zudem auch komplett bestätigt. Die USA wurde mit am öftesten mit „Fast Food“ (siehe Tabelle) beschrieben. Währenddessen zu den meist genanntesten Begriffe bei Brasilien „Gewalt“ und „gefährlich“ zählten. Dies zeigt uns, dass die meisten Menschen in unserer Gesellschaft das gleiche Bild im Kopf haben, obwohl viele noch keinen Aufenthalt in den beiden Ländern verbracht haben. [124]

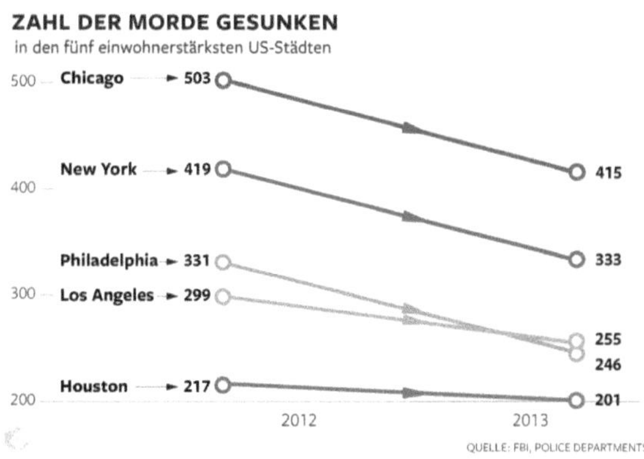

Abb.22 Zahl der Morde in den USA

[122] Abb. 22 Abb. 20 + 21: eigene Quellen – selbsterstelltes Kreisdiagramm (Stand:24.12.2014)
[123] Vgl. http://www.welt.de/politik/ausland/article123523690/Experten-verbluefft-ueber-sinkende-Mordrate-in-USA.html (Stand: 25.12.2014)
[124] Auswertung aus eigenen Quellen (Vgl. https://www.umfrageonline.com/?url=survey_det&uid=237285)

>> Wie haben sich die USA und Brasilien hinsichtlich der Wirtschaft und Kultur unterschiedlich entwickelt? <<

Diese Fragestellung hat unsere Arbeit begleitet und zum Aufbau und zur Entwicklung beigetragen. Wir haben durch die Bearbeitung der Wirtschaft und der Kultur von den USA und Brasilien neue Erkenntnisse bekommen und können nun die Frage, die wir in der Einleitung aufgeworfen haben, beantworten. Vorerst möchten wir noch einmal die wichtigsten Punkte aus unserer Arbeit aufgreifen. Hinsichtlich der USA hat sich wirtschaftlich, aber auch kulturell vieles verändert. Angefangen mit der Wirtschaft ist zu sagen, dass die USA sich im Laufe der Jahre zu einer der bedeutsamsten Weltwirtschaftmacht entwickelt hat. Gründe dafür waren/sind, dass die Vereinigten Staaten von Amerika ein großes Rohstoffvorkommen aufweisen und nur wenige Rohstoffe importieren müssen. Auch die schnelle Industrialisierung im Land, ein gutes Verkehrsnetz, Flüsse, die zur Stromgewinnung genutzt werden können, der Zugang zum Pazifik und Atlantik (Handel/Verkehr), die Luftfahrt und vor allem die Einstellung der amerikanischen Bürger, in der "Bereitschaft zum Risiko in der Wirtschaft [und] der Mut zu neuen Wegen [gezeigt wird]"[125] haben erheblich zu der Entwicklung der Wirtschaft beigetragen. Auch kulturell gesehen hat sich die USA mit der Zeit ausgebaut und hat zum Beispiel die Sklaverei im Lande abgeschafft und somit zu der Integrierung verschiedener Kulturen beigesteuert. Von Brasilien haben wir zwei Seiten kennen gelernt. Die wirtschaftliche Seite, aber auch jene die in Armut lebt. Wir haben weit verbreitete Vorurteile aufgedeckt und diese entweder bestätigt oder wiederlegt (Gewalt, Armut). Durch diese Arbeit haben wir gelernt, eine Problemstellung zu verfassen und sie mit eigenen erhobenen Daten diese zu beantworten. Dies werden wir nun im Folgenden tun.

Angesichts der Wirtschaft liegen die USA und Brasilien noch weit auseinander. Bei der Betrachtung der Fläche und der Bevölkerung zeigen die beiden Länder keinen sehr großen Unterschied. Die Wirtschaftskraft beider Staaten zeigt jedoch, dass Brasilien der USA weit unterlegen ist. In Hinblick auf die Kultur haben sie jedoch sehr viele Gemeinsamkeiten, welche besonders durch unseren empirischen Teil, dem Interview, gezeigt wurde und der genauen Analyse der Kulturen.

Zum Schluss ist noch zu sagen, dass uns unsere Seminarkursarbeit viele neue Erkenntnisse gebracht und uns gezeigt, dass unsere Annahmen, dass die beiden Länder unterschiedlicher nicht seien könnten, nicht zutreffen. Die USA und Brasilien haben viele Gemeinsamkeiten,

[125] Vgl.: http://www.klett.de/web/uploads/23840_212_213.pdf (Stand: 5. Januar 2015)

aber auch Unterschiede. Ein komplett falsches Bild von den Ländern hatten wir jedoch nicht. Wir hatten Überlegungen, die auch zutreffen, aber hauptsächlich hatten wir unseren Glauben vieler verschiedener Klischees geschenkt, die nicht zutreffen. Zum Beispiel, dass Brasilien ein viel ärmeres Land ist, als die USA. Wir sind zufrieden, dass wir diese Arbeit durchgeführt haben und somit Begebenheiten geklärt und falsche Vorstellungen angepasst haben.

Literaturverzeichnis

I. Peter Lösche, Hans Dietrich von Loeffelholz, Anja Ostermann (Herausgeber); Länderbericht USA: Geschichte, Politik, Wirtschaft, Gesellschaft, Kultur (Titel), S.508, 2005

II. Manfred Berg (Herausgeber); "Geschichte der USA" (Titel), S. 141, 2013

Quellenverzeichnis

I. http://www.usa-info.net/usa/allgemein/geschichte.php (Stand: 20.12.2014)

II. http://de.wikipedia.org/wiki/Geschichte_Brasiliens (Stand: 07.12.2014)

III. http://www.brasilgate.com/main/geschichte.php (Stand: 07.12.2014)

IV. http://www.brasilien.info/geschichte/ (Stand: 07.12.2014)

V. http://www.kooperation-international.de/buf/usa/allgemeine-landesinformationen.html (Stand: 2.12.2014) (aktuelle Bevölkerungszahlen und Landesgrößen: Google)

VI. http://www.ipicture.de/flagge/flagge_usa.html (Stand: 2. Dezember 2014)

VII. http://www.unifr.ch/withe/assets/files/Bachelor/Wirtschaftsgeschichte/Wige_DeuUSA.pdf ; Seite 19 (Stand: 7. 12. 2014)

VIII. http://www.laender-lexikon.de/Vereinigte_Staaten_von_Amerika_(Wirtschaft) (Stand: 7.12.2014)

IX. http://de.wikipedia.org/wiki/Wirtschaft_der_Vereinigten_Staaten (Stand: 7.12.2014)

X. http://www.weltsprachen.net/weltsprache-englisch.html (Stand: 28. 12. 2014)

XI. http://e-politik.de/artikel/2013/von-erfolgreichen-und-scheiternden-staaten/ (Stand: 29. 12. 2014)

XII. http://www.zeit.de/2012/43/Amerikanischer-Traum-Reportage-USA (Stand: 29. 12.2014)

XIII. http://www.boell.de/de/bildungkultur/bildung-kultur-american-dream-im-jahr-2010-10399.html (Stand: 1. 01. 2015)

XIV. http://www.ub.uni-mainz.de/ethnische-und-gesellschaftliche-gruppen-in-den-usa/ (Stand: 2.01. 2015)

XV. http://mumia-hoerbuch.de/text/Afroamerikanische%20Geschichte%20in%20Nordamerika_Nov_12.pdf (Stand: 2. 01. 2015)

XVI. http://www.n24.de/n24/Nachrichten/Panorama/d/560244/chronologie--geschichte-der-schwarzen-in-den-usa.html (Stand: 3. 01. 2015)

XVII. http://de.wikipedia.org/wiki/Indianer_Nordamerikas (Stand: 3.01. 2015)

XVIII. http://www.wissen.de/indianer-die-ureinwohner-amerikas (Stand:3.01.2015)

XIX. http://www.schulebw.de/unterricht/faecher/geschichte/unterricht/unterrichtsekl/19jahrhundert/usasek1/frauenemanzipation-usa/ (Stand: 3.01.2015)

XX. Eigene Erklärung/Quellen (darunter Interview- und Umfrageangaben)

Gegenstand: Entwicklung zur modernen Gesellschaft
Thema: Vergleich von Nord- und Südamerika: Wie haben sich die USA und Brasilien hinsichtlich der Wirtschaft und Kultur unterschiedlich entwickelt?

I. http://www.welt.de/gesundheit/article10735003/Zahl-der-Fettleibigen-waechst-gigantisch.html (Stand: 24.12.2014)

II. http://gesundheit-zahlen-daten-fakten.blogspot.de/2012/03/haufigkeit-von-ubergewicht-ein.html# (Stand:24.12.2014)

III. http://www.spiegel.de/panorama/justiz/kriminalitaet-in-brasilien-selbstjustiz-greift-um-sich-a-979553.html (Stand:24.12.2014)

IV. (Stand:24.12.2014)

V. http://www.welt.de/politik/ausland/article123523690/Experten-verbluefft-ueber-sinkende-Mordrate-in-USA.html (Stand: 25.12.2014)

VI. https://www.umfrageonline.com/?url=survey_det&uid=237285)

VII. http://www.klett.de/web/uploads/23840_212_213.pdf (Stand: 5. Januar 2015)

VIII. http://www.laenderdaten.info/laendervergleich.php?country1=BRA&country2=USA (Stand:04.01.2015)

IX. http://www.globaldefence.net/kulturen-im-konflikt/westliche-staaten/135-lateinamerika-brasilien-brazil.html?showall=&start=2 (Stand:01.01.2015)

X. http://www.brasilien.info/kultur/ (Stand:07.11.2014)

XI. http://www.brasilien.info/kultur/ (Stand:07.11.2014)

XII. http://www.urlaubsziele.com/sehenswuerdigkeiten/538/ (Stand:07.11.2014)

XIII. http://www.urlaubshighlights.de/top-10-brasilien/ (Stand: 10.11.2014)

XIV. http://www.escola-popular.de/deutsch/samba/ueber-samba.html (Stand: 10.11.2014)

XV. http://www.escola-popular.de/deutsch/samba/ueber-samba.html /Stand: 08.11.2014)

XVI. http://www.brasilienbusiness.de/103_0/kultur.html (Stand:10.11.2014)

XVII. http://www.klett.de/web/uploads/23840_212_213.pdf (Stand: 5. Januar 2015)

Anhang

Interview mit Anja Schmidt:

Interview (wörtliche Übernahme):

Kim: Hallo Anja

Anja: Hi

Kim: Vielen Dank, dass du dir Zeit genommen hast um mir bei meinem Interview für die Schule zu helfen. Ich mache das Interview für meine Seminarkursarbeit, in der es um den Vergleich von den USA und Brasilien geht. Ich werde dir jetzt ein paar Fragen zu deinem Aufenthalt in Brasilien stellen.

Anja: Ok

Kim: Beschreibe bitte zuerst mit drei Worten Brasilien.

Anja: Ich würde sagen: Fröhliche Menschen, Sonnenschein und Samba.

Kim: Und jetzt erzähle mir doch mal bitte: Wie kamst du eigentlich auf die Idee nach Brasilien zu gehen?

Anja: Ich bin eigentlich gar nicht so richtig auf die Idee gekommen, weil ich mich nie mit dem Land so beschäftigt habe. Ich war in Frankreich und habe dort einen dreimonatigen Aufenthalt gemacht um die Sprache zu lernen und habe dort auch einen Mann kennen gelernt. Er war mein Freund und wegen dem bin ich dann nach Brasilien gegangen, weil er aus Sao Paulo kam.

Kim: Ok, und wie lange warst du dann da?

Anja: Insgesamt, mit ein paar Unterbrechungen, weil ich auch manchmal nach Hause geflogen bin um meine Familie zu sehen oder weil ich auch teilweise ausreisen musste, weil mein Visum abgelaufen war, waren es 1 ½ Jahre ungefähr.

Kim: Was hast du eigentlich bei deinem Aufenthalt in Brasilien gemacht? Warst du auch arbeiten oder hast du die Zeit nur mit deinem Freund verbracht?

Anja: Mein Freund musste arbeiten. Dementsprechend habe ich eine Weile lang nur die Sprache gelernt, also ich habe Sprachkurse besucht. Ich habe mir auch das Land angeguckt und bin viel umhergereist. Später haben die von der Sprachschule mich gefragt ob ich nicht bei denen unterrichten möchte als Englisch – Lehrerin und das habe ich dann auch gemacht.

Ich habe das Angebot angenommen und dann habe ich viermal die Woche immer am Abend Englisch unterrichtet.

Kim: Du hast ja auch schon gesagt, dass du dir das Land angeguckt hast. Aber wie hast du denn das Land und die Leute so empfunden?

Anja: Die Leute waren super lieb, immer total zugänglich und aufgeschlossen. Sie waren auch unheimlich interessiert an Deutschland und an unserer Geschichte. Ich habe super schnell liebe Menschen kennen gelernt, aber ich muss auch sagen, dass die teilweise oberflächlich waren. Die waren alle sehr lieb, aber tiefgründige Freunde für immer konnte ich leider nicht finden.

Kim: Und warst du auch mal in den Favelas unterwegs, weil in den Medien hört man ja immer, dass es dort sehr gefährlich sein soll. Wie hast du dich da gefühlt und ist es dort wirklich so schlimm wie die Medien immer sagen?

Anja: Also Favelas sind kleine, eigene Städte in den Großstädten. Da leben halt viele arme Menschen, die es sich nicht leisten können im Zentrum der Stadt zu wohnen. Im Zentrum ist meistens auch die Arbeit, also ich weiß nicht was die machen, vielleicht putzen oder so. Die haben dann auch so eine Art Bürgermeister. Es ist dort nicht gefährlich, aber es herrschen ganz andere „eigene Gesetze“. Wir haben in einer Favela immer unsere Wäsche gewaschen, weil wir selbst keine eigene Waschmaschine hatten. Das war eine Putzfrau, die mein Freund in seinem Unternehmen kennen gelernt hat und da haben wir halt unsere Wäsche gewaschen. Wenn wir dahin gegangen sind, haben wir immer darauf geachtet, dass wir keine krassen Ringe oder Ohrringe tragen. Oder dass wir keine Unmengen an Geld bei uns tragen, oder dass unser Macbook hinten im Auto drin liegt; dass es einfach keinen Grund gibt uns zu überfallen. Die Frau hat uns auch immer am Eingang der Favela abgeholt, weil es sonst zu gefährlich wäre, wenn wir uns unbefugt Eintritt verschaffen. Dann hat sie uns immer vorne abgeholt und mit zu sich genommen und dann war es auch ok und die anderen haben uns gesehen und wussten, dass wir öfter kommen, weil wir so einmal pro Woche da waren. Naja es ist schon gefährlich, es passieren Überfälle, aber das liegt meistens an der Unwissenheit bzw. Dummheit der Touristen. Man muss dort nicht mit einer Gucci Uhr rum rennen. Machen die Uhren? Naja egal.

Kim: Vielen Dank, dann haben die Medien ja nicht ganz Unrecht. Ähm gab es denn gravierende Unterschiede auch zwischen den Orten in Brasilien, gerade wegen den Grenzen arm und reich?

Anja: Ähm ja, das kann man schon so sagen. Ja das gab es auf jeden Fall. Also ich weiß, dass zum Beispiel Sao Paulo das krasseste Wirtschaftszentrum in ganz Brasilien ist und da befindet sich und arbeitet halt auch das ganze Geld. Ich hab mal gehört, dass 94% äh des gesamten Einkommens Brasiliens befindet sich dort und arbeitet dort. Das ist schon ziemlich krass. Dann hast du dort natürlich auch viel Reichtum und viele Ausländer die auch da zum Arbeiten hinkommen und du hast halt ganz andere Einflüsse. Und im Norden Brasiliens sind alle ziemlich arm und gen Süden sozusagen werden sie immer reicher. Dort befinden sich auch viele Deutsche, erstaunlicher Weise. Das erkennt man auch durch die Hautfarben, da grenzen die sich halt auch nochmal ab so von Süden und Norden. Man merkt schon, dass das Geld ganz unfair und unterschiedlich verteilt ist.

Kim: Und ja, jetzt so nach allem dem was du gesagt hast zwischen dem positiven und negativen – würdest du denn wieder nach Brasilien gehen und wenn ja warum und wenn nein warum nicht?

Anja: Ähm ich würde vielleicht nochmal nach Brasilien gehen, aber nicht nochmal nach Sao Paulo, weil ich einfach die Nase voll hab von dieser riesigen, unübersichtlichen Stadt. Ähm wenn dann würde ich irgendwo hingehen wo es Strand gibt, zum Beispiel Rio oder so. Oder in Norden, genau. Also einfach in eine andere Gegend, das würde ich schon machen. Die Sprache spreche ich mittlerweile auch eigentlich einigermaßen, so Grundlagen. Ich könnte mich also auch verständigen. Die Menschen sind nett, warmherzig, ist alles cool. Genau, warum ich da vielleicht nicht hingehen würde, wäre wahrscheinlich so das mit dem Geld. Ich nehme mal an ich würde da gar nicht so viel verdienen und das es doch halt in vielerlei Hinsicht kulturelle Differenzen einfach gibt und Kommunikationsschwierigkeiten. Das man da auch Probleme hat teilweise und außerdem möchte ich auch nicht mehr weg, also so weit.

Kim: Ok, dann danke ich dir erst mal für deine ganzen Antworten und Aussagen und ja ähm danke für das Interview und bis bald.[126]

[126] eigene Quellen

Gegenstand: Entwicklung zur modernen Gesellschaft
Thema: Vergleich von Nord- und Südamerika: Wie haben sich die USA und Brasilien hinsichtlich der Wirtschaft und Kultur unterschiedlich entwickelt?

Interview mit Michelle Sallmann

Interview (wörtliche Übernahme)

Lisa Heck: Guten Tag, vielen Dank, dass Sie sich Zeit genommen haben das Interview mit mir durchzuführen über den Vergleich zwischen Brasilien und der USA und ich würde Ihnen gerne ein paar Fragen dazu stellen (zum Aufenthalt). Vielleicht könnten sie vorerst mit einer kurzen Vorstellung Ihrerseits beginnen.

Michelle Sallmann: Ich bin Michelle Sallmann und ich war in den USA 2001 - 2002 als Au Pair.

Lisa Heck: Vielen Dank. Als nächstes möchte ich Sie darum bitten mir die USA in drei Worten zu beschreiben.

Michelle Sallmann: In drei Worten als groß und weitläufig (als ein Wort), bunt und faszinierend.

Lisa Heck: Wie kamen Sie denn auf die Idee in die USA zu gehen?

Michelle Sallmann: Ich war nicht besonders gut in Englisch in der Schulzeit und wollte unbedingt die Sprache kennenlernen und das Land und die Leute und die Sprache verbessern. Und dann habe ich nach der Schule eine Lehre gemacht und danach bin ich für ein Jahr in die USA gegangen. (13 Monate)

Lisa Heck: Was haben Sie bei Ihrem Aufenthalt in den USA gemacht? z.B. Arbeiten etc.

Michelle Sallmann: Ja, ich war als Au Pair da (= Nanny, die für die Kinder da ist/sorgt). Es war eine schöne Zeit.

Lisa Heck: Wie empfanden Sie das Land allgemein?

Michelle Sallmann: Ich finde es ist ein sehr aufregendes Land aber auch sehr ambivalent. Es ist sehr unterschiedlich zum Beispiel im Osten und in der "Mitte". Die verschiedenen Gesetze, die verschiedenen Mentalitäten und man kann die verschiedenen Staaten nicht "über einen Kamm scheren".

Lisa Heck: Also würden Sie die USA auch nicht als "Land der unbegrenzten Möglichkeiten" beschreiben?

Michelle Sallmann: Auf gar keinen Fall, also man kann die Saaten als einzelne Länder sehen mit ihren einzelnen und eigenen Gesetzen. Jeder Bundesstaat hat sein eigenes "Für" und "Wider", aber insgesamt immer von der "schönen" oder "schlechten" USA zu sprechen, auf keinen Fall.

Lisa Heck: Wie haben Sie denn die Menschen dort empfunden?

Michelle Sallmann: Ja, also ich habe drei Monate an der Ostküste gelebt und hab diese Leute in Connecticut als sehr spießig empfunden. Es war auch eine sehr reiche Gegend in der ich gewohnt habe und die anderen neun Monate habe ich in Colorado verbracht. Dies war eine sehr tolle Gegend, ganz andere Menschen, viel aufgeschlossenen, viel warmherziger. In dieser Zeit war ich dann auch zwei Mal im Urlaub in Florida über mehrere Wochen. Dort sind wieder ganz andere Menschen aufzufinden. Sobald man sich ins Flugzeug setzt lernt man ganz andere Menschen kennen und empfindet die Menschen auch als anders.

Lisa Heck. Sie würden also schon sagen, dass es gravierende Unterschiede gab? (insbesondere auch zwischen Arm und Reich)

Michelle Sallmann: Ja ohne Frage, Arm habe ich jetzt nicht so kennengelernt aber Reich. Es gibt verschiedene Reiche. Die Reichen, die in der Nähe von New York wohnen, habe ich wie gesagt als sehr spießig empfunden, andere können jedoch eine Traumfamilie für ein Au Pair sein. Es gibt schon Unterschiede, aber die gibt es ja wahrscheinlich überall.

Lisa Heck: Wenn Sie die Wahl hätten würden Sie nochmals in die USA gehen oder eher nicht?

Michelle Sallmann: Ja, also ich würde schon gerne nochmal für einen Urlaub in die USA fahren und vielleicht mal eine andere Ecke, wie den Westen. Trotzdem würde ich nicht noch einmal an die Ostküste fahren.

Lisa Heck: Dann bedanke ich mich für das Interview und, dass Sie sich die Zeit genommen haben die Fragen zu beantworten.